# トラブルな

# 配管
PIPING ENGINEERING

# 技術

トラブル事例とミスを犯さない現場技術

西野悠司 [著]
Nishino Yuji

日刊工業新聞社

## はじめに

　筆者にとって、「トラブルから学ぶ配管技術」と題する本書は、日刊工業新聞社から出版する4冊目の本となります。
　本書で扱う「トラブル」は技術分野におけるトラブルで、いわゆる「事故」、「トラブル」、「不具合」、「故障」などと呼ばれているものを包含し、「失敗」という1つの言葉で集約することもできます。
　現在、世にある配管技術や配管に関する規格はどのようにして形づくられてきたのでしょうか。その多くは、過去の数えきれないほどの先人の失敗を、反省し、原因を追究し、同じ失敗を繰り返さないための方策を打ち出し、それらが練られ、積み上げられて、現在の配管技術や配管規格に結実したものといえるでしょう。
　本書の特徴は、その3/4を占める第4章以降において、失敗事例をまずあげ、これを切口にして配管技術を学んでいこうというところにあります。
　トラブルは常日頃から虎視眈々とわれわれの隙をうかがっています。ここにあげた事例は明日、遭遇するかもしれないトラブルです。トラブル事例から入っていくと、なぜ、このような技術が、あるいは規格が配管の世界に必要になったのかが、自ずと理解できるのではないかと考えます。
　さて、本書の内容は大きく分けて、第1章から第3章のトラブルの未然防止と再発防止について述べた部分と、第4章から第8章のトラブル事例とそれに関係する配管技術を述べた部分から構成されています。
　トラブルが起きると、トラブルによる直接的な物的、人的損失、さらに復旧のための、費用、労力、時間、更には、顧客、あるいは社会の信用が大きく損なわれます。したがって、企業はトラブルの防止、抑制に全力を尽くします。

トラブルを起こさないもっとも確実にして、簡単な方法は進歩することをやめ、トラブルのない実績ある技術を使い続けることです。
　しかし、技術は常に進歩することを求められています。そして、初めて挑戦する技術には、トラブルに結びつく「無理」や「矛盾」がどこかに隠されている可能性があります。それらを、事前にどのようにして発見し、処置するかが、第1章、第2章のテーマです。
　しかし、細心の注意を払っていても、不幸にしてトラブルは起こるかもしれません。トラブルが起きてしまったら、その原因を徹底的に究明して、同じトラブルを繰り返さないシステムを作ることが大事です。そうすれば、トラブルは教訓として生かされ、失敗が技術を進歩させます。無駄な失敗はいけません。失敗を進歩に結びつけるにはどうすればよいか、それが第3章のテーマです。
　第4章以降はトラブル事例です。第4章でトラブル事例全体を概観し、トラブルの個々の事例を4つのグループに分け、第5章から第8章の4つの章に割り付けました。そして、トラブル事例を通して、配管技術を学べるように特に配慮しました。
　なお、明らかに誤った採用や使い方などによって生じるトラブルは、取り上げれば際限がなくなり、かつ取り上げる意味があまりないので、取り上げませんでした。
　本書により、諸兄の「配管」や「配管技術」に関する理解がますます広がりかつ深まることを願ってやみません。
　最後に、本書の執筆の機会を与えていただいた日刊工業新聞社の奥村功出版局長、また、企画段階からアドバイス、ご支援いただいたエム編集事務所の飯嶋光雄氏に心からお礼申し上げます。そして、本書執筆にご協力いただいた多くの方々に感謝申し上げます。

　　2015年3月　　　　　　　　　　　　　　　　　　　　西野悠司

# 目次

はじめに ……………………………………………………………… 1

## 第1章 トラブルは隙を窺っている
- ❶-❶ 事故、トラブル、不具合、そして失敗 …………………… 8
- ❶-❷ 真の原因究明が不可欠 …………………………………… 9
- ❶-❸ 新しい技術には隙がある ………………………………… 9

## 第2章 トラブルを未然に防ぐ
- ❷-❶ 直感を働かせる …………………………………………… 12
- ❷-❷ バランス感覚が大事 ……………………………………… 13
- ❷-❸ イメージ力を高める ……………………………………… 14
- ❷-❹ 仮想演習をする …………………………………………… 16
- ❷-❺ 想像力と恐怖心 …………………………………………… 17
- ❷-❻ 掠め去るものの前髪を掴め ……………………………… 18
- ❷-❼ メリットの裏にデメリット ……………………………… 18
- ❷-❽ 図面を読む ………………………………………………… 21
- ❷-❾ 技術変更点を洗い出す …………………………………… 24
- ❷-❿ デザインレビューの実施 ………………………………… 26
- ❷-⓫ 配管を横から見る ………………………………………… 26
- ❷-⓬ ラインチェックの実施 …………………………………… 28
- ❷-⓭ コンピュータO/Pのレビュー …………………………… 29
- ❷-⓮ トラブル未然防止のための各種手法 …………………… 30

## 第3章 同じトラブルは二度起こさない
- ❸-❶ トラブルが起きてしまったら …………………………… 34
- ❸-❷ 過去を記憶しないものは ………………………………… 35
- ❸-❸ トラブルが起きたらすぐ記録 …………………………… 35
- ❸-❹ 類似トラブルの共通点抽出 ……………………………… 38
- ❸-❺ トラブルに敏感な職場風土 ……………………………… 40
- ❸-❻ 真の原因を究める ………………………………………… 41
- ❸-❼ トラブルの効用 …………………………………………… 43

# 第4章 トラブルから学ぶ配管技術
## ④-❶ 配管で生じるトラブルの原因 …… 46
## ④-❷ 配管トラブルの代表事例 …… 47

# 第5章 トラブル事例／配管エンジニアリング編
## ⑤-❶ 圧力損失
1. 圧力損失の関連で起きるトラブル …… 52
2. 圧力損失が大きすぎる、小さすぎる …… 53
3. ポンプ有効NPSH不足によるキャビテーション …… 56
4. 並列運転機器の流量アンバランス …… 58
5. 入口管の圧力損失による安全弁の不安定作動 …… 60
6. ヘッダの背圧が大きすぎる …… 62

## ⑤-❷ 荷重・圧力・差圧
1. ベントラインの閉塞 …… 65
2. 絞り弁前後の差圧が大きすぎる …… 67
3. 2次側が1次側圧力になる …… 69
4. 強度のみ考えて、たわみを考慮しない設計 …… 70
5. 伸縮管継手に生じる推力 …… 72
6. バルブの異常昇圧 …… 75
7. 管路の液封 …… 77

## ⑤-❸ 流れの偏流と乱れ
1. 流れの偏流による不具合 …… 78
2. 合流部の配管形状により振動発生 …… 80

## ⑤-❹ 重力流れ・飽和水の流れ
1. 気泡発生による流れの閉塞 …… 83
2. 重力流れにおけるベント不良 …… 86
3. 重力流れにおける水平管の位置 …… 90
4. 負圧のドレンラインにおけるUシールの破封 …… 92
5. サイホントラップの自己サイホン …… 94

## ⑤-❺ 振動
1. 振動とはどんなトラブルか …… 97
2. フレキシビリティのありすぎる配管 …… 98
3. 圧力脈動による配管振動 …… 99
4. 気液二相流による配管振動 …… 102
5. 配管の機械的共振 …… 104
6. 励振源なしに共振する自励振動 …… 106
7. 弁の自励振動と配管の気柱共振 …… 109
8. カルマン渦によって起こる脈動 …… 111
9. 振動によるナットのゆるみと脱落 …… 113

10　ポンプのサージングと配管系 ……………………………… 115

**❺-❻ウォータハンマ（水撃）**
　　　1　ウォータハンマはどんな原因で起こるか ……………… 118
　　　2　バルブ急閉によるウォータハンマ ……………………… 119
　　　3　ポンプ起動によるウォータハンマ ……………………… 122
　　　4　ポンプ停止によるウォータハンマ ……………………… 124
　　　5　蒸気凝縮によるウォータハンマ ………………………… 127
　　　6　蒸気流駆動ハンマ ………………………………………… 130

**❺-❼熱膨張と相対変位**
　　　1　運転モードが複数ある系のフレキシビリティ評価 …… 133
　　　2　要注意、小径枝管の熱膨張 ……………………………… 135
　　　3　フレキシブルメタルホースの経年後の干渉 …………… 137
　　　4　ボウイングという配管の変形 …………………………… 139
　　　5　熱膨張差で起きるフランジ締結部の漏洩 ……………… 141

**❺-❽劣化・疲労**
　　　1　急冷で起きる熱衝撃 ……………………………………… 144
　　　2　すみ肉溶接部の高サイクル疲労 ………………………… 146
　　　3　クリープ損傷による割れの発生 ………………………… 149

**❺-❾腐食・浸食**
　　　1　腐食にはどんなトラブルがあるか ……………………… 151
　　　2　絞りの下流で起きるエロージョン ……………………… 153
　　　3　ポンプキャビテーションによるエロージョン ………… 155
　　　4　流れ加速腐食（FAC）と減肉管理 ……………………… 158
　　　5　同じ金属内の電位差で起こる孔食と隙間腐食 ………… 160
　　　6　減肉が非常に速く進む異種金属接触腐食 ……………… 162
　　　7　電気防食によるチタンの水素脆化 ……………………… 164
　　　8　高温高圧の水素雰囲気中における割れ ………………… 166
　　　9　溶接残留応力が影響する応力腐食割れ（SCC） ……… 168
　　　10　溶接二番に発生する粒界腐食 …………………………… 170
　　　11　埋設管で起きるマクロセル腐食 ………………………… 172
　　　12　保温材の下で起きる配管外部腐食（CUI） …………… 174

# 第6章　トラブル事例 / 配管接続・配管配置編

**❻-❶配管接続**
　　　1　相フランジとのボルト穴が不一致 ……………………… 178
　　　2　取合い部における突合せ溶接開先の不一致 …………… 180
　　　3　配管を誤った機器ノズルに接続 ………………………… 182

**❻-❷配管配置**
　　　1　他の配管と干渉して勾配配管が通せない ……………… 184
　　　2　床スリーブのために配管の現場溶接ができない ……… 185

3　防災上安全でない配管 …………………………… 186

# 第7章　トラブル事例 / 調達・製造・据付編

## ❼-❶ 調達・製造・据付
　　1　「ブラックボックス」と「暗黙の了解」という落とし穴 …… 188
　　2　年度ごとに改訂される基準類 …………………… 190
　　3　溶接すれば部材は変形する ……………………… 192
　　4　溶接施工法確認試験記録がないと溶接できない … 193
　　5　フランジはもっとも漏れやすい箇所 …………… 196
　　6　アスベストフリーのジョイントシートは熱で硬化する … 198

# 第8章　トラブル事例 / 配管コンポーネント編

## ❽-❶ バルブ
　　1　仕切弁で起こるトラブル ………………………… 200
　　2　スイング逆止弁で起こるトラブル ……………… 201
　　3　バルブにもっとも多いシートリーク …………… 202
　　4　弁体回転による弁体脱落 ………………………… 204
　　5　流れ方向のあるバルブ …………………………… 206
　　6　仕切弁、ボール弁の中間開度での使用 ………… 208
　　7　絞り弁のオーバーサイジング …………………… 210
　　8　逆止弁のチャタリング、フラッタリング ……… 211
　　9　ラバーライナ付フランジレス形バタフライ弁とガスケット … 214
　　10　倒立姿勢のバルブ ……………………………… 216

## ❽-❷ 配管スペシャルティ
　　1　ストレーナ金網の振動による疲労破壊 ………… 219
　　2　伸縮管継手ベローズの振動 ……………………… 221
　　3　内圧による伸縮管継手ベローズの座屈 ………… 223
　　4　芯のずれた二組の伸縮管継手（Flixboroughの事故）… 225
　　5　スチームトラップのベーパーロック …………… 230
　　6　スチームトラップの不適切なタイプ選定 ……… 232
　　7　破裂板は設置場所の運転温度が大事 …………… 235
　　8　流量計前後の直管長さが不足 …………………… 237
　　9　圧力計導管を取り出す方向 ……………………… 240
　　10　P&IDと異なる温度計位置 ……………………… 242

## ❽-❸ ハンガ・サポート
　　1　ハンガ形式選定とポンプ、機器への転移荷重 … 244
　　2　サポート固定金具の外し忘れ …………………… 246
　　3　レストレントに要求される最小必要強度 ……… 248
　　4　ハンガロッドねじ部に曲げモーメント ………… 250

参考文献 ……………………………………………………… 253

# 第1章

# トラブルは隙を窺っている

　トラブルは、技術が自然の摂理に反したところで起こります。それは土手にできた蟻の一穴のように目に見えないものでも、自然はちゃんとそれを見つけ出し、トラブルとして、われわれの目の前につき出します。特に、新しい技術は、実地に使われた実績がないため、トラブルになるリスクが高くなります。そのようなリスクを回避すること、それが本書のテーマであり目的です。

## 1-1 事故、トラブル、不具合、そして失敗

　製品、プラント、そしてシステムなどの機能、運転に支障をきたし、時に、人的、物的な損失をもたらす事象に、事故、トラブル、故障、不具合などがあります。これらを区別して定義しようとしても、その境界は曖昧で、定義づけしてもあまり意味がありません。一般には、人的損失や多大の物的損害を出したものを「事故」と呼んでいるようですが、本書ではこれらを総称して「トラブル」と呼ぶことにします。

　さて、労働災害には「ハインリッヒの法則」というのがあります。1件の重大災害の裏には29件のかすりキズ程度の軽災害があり、その裏には300件程度のケガにはならないヒヤリハットの体験がある—というものです。

　トラブルの世界においても、重大トラブル、軽いトラブル、ヒヤリハットの件数の比率はハインリッヒの法則に近いものになるのではないかと思われます。

　ヒヤリハットというのは、一歩間違えれば相当な被害が出たかもしれませんが、運よく被害が出なかったケースです。しかしヒヤリハットはちょっと状況が変われば、トラブルになるものですから、軽く見てはいけません。実質的な被害が出なくても、ヒヤリハットはちゃんと捉えて、

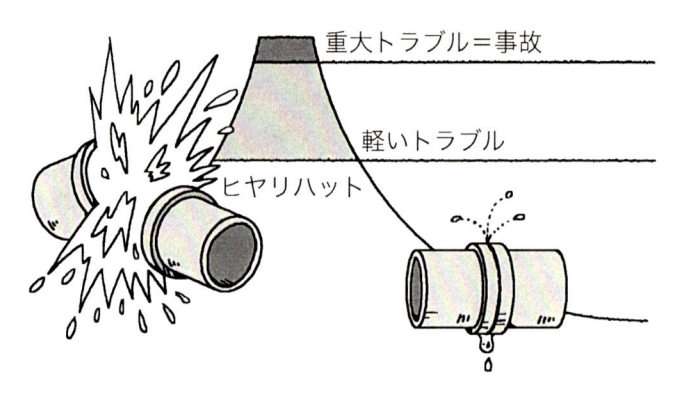

**図1-1　トラブルと事故のイメージ**

トラブルと同様に、なぜそれが起きたのか検討し、対策をとることで重大事故の発生を抑止できます。

　事故、トラブルと若干ニュアンスが異なり、もっと意味の広い言葉に「失敗」があり、失敗を冠した本が多数出版されています。「失敗」した結果としてトラブルが発生しますから、「失敗」はトラブルのルーツ（源）、そしてトラブルの人間的側面に光を当てた言葉といえるでしょう。

## ❶-❷ 真の原因究明が不可欠

　いったんトラブルが起きると、実際に生じた設備被害、人的被害の他に復旧のための費用、工数、時間がかかり、さらに顧客に対する信用を傷つけ、あるいは失墜させるなど、有形、無形の損失があります。

　このようにトラブルでこうむった大きな損失を取り返すために、起きたトラブルを単に復旧するだけでなく、同様のトラブルを2度と繰り返さないために、起きてしまったトラブルを活かし切らなければなりません。大切なのは、転んでも只では起きない精神です。

　トラブルの再発防止には、トラブルが起きた真の原因の究明が不可欠です。草の根をかき分けてでも、真の原因を探し出し、その真の原因に対して、再発防止策を図る必要があります。的を外れた"原因"に一生懸命再発防止策を施しても再発を防げないことは、いうまでもありません。

## ❶-❸ 新しい技術には隙がある

　トラブルはどこで起こるかといえば、人が作ったものの中で、自然の摂理に反したところで起きる、言い換えれば、トラブルは自然の摂理にしたがって起きる「自然現象」ということができます。技術とは、自然の摂理に適った人工物を作る能力です。もしその人工物のどこかに自然の摂理に反するところがあれば、自然の摂理にしたがって、何らかの変化が生じ、人工物にとっての不具合が発生します。土手にあいた蟻穴の

**図1-2　トラブルは虎視眈眈と隙を狙っている**

ように、自然の摂理に反するところが、唯の一点であっても、自然はその一点の"隙"を容易に見つけ出し、トラブルとして現出します。自然はトラブルの種がないか、われわれの隙を虎視眈眈と窺っています。

　それではわれわれの「隙」とは、具体的に何でしょうか。その代表的なものは、確認作業を怠ることです。たとえば、取合の相手フランジのボルト穴位置を確認しなかった（第6章11参照）、配管の始点から終点までの間に必要な勾配が取れるかの確認もれがあった（第6章21参照）、コンピュータO/Pのレビューをしなかった（第2章❷−❸）、改造工事の現場を事前に確認しなかった、などがあります。

　それでは、トラブルの原因となる隙を作らないためには、どうすればよいでしょうか。

　確実な方法が1つあります。それは実際に使われ、不具合を出し切った、実績のある従来技術を踏襲することです。ヒューマンエラー（うっかりミス）もなく、忠実に従来どおりに作られ、使われる環境も変わりなければ、トラブルは起きようがないでしょう。しかし、これではその企業は競争に破れ、存続することができないでしょう。そして技術は進歩しません。進歩が止まれば、やがて退歩が始まり、人類は歴史を逆戻りするでしょう。

　技術の進歩にはチャレンジが必要であり、チャレンジには失敗がつきまといます。したがって失敗を恐れずに新しい技術に挑戦し、かつ失敗をいかに最小限にするかが肝要です。それにはどのようにすればいいでしょうか。

# 第2章

# トラブルを未然に防ぐ

　この章では、トラブルの未然防止に有効ないくつかの方策を見ていきます。

　実地に使用した実績のない新技術、設計変更点はトラブル発生の危険個所ですから、重点的に検討することが必要です。それに先立ち、どこに設計変更点があるかを同定することも重要です。

　デザインレビューはこれらの作業に非常に有効な手段です。

## 2-1 直感を働かせる

　これは聞いた話です。東芝、IHIの社長、経団連会長、などを歴任し、「目刺の土光さん」で親しまれた、土光敏夫さん（1988年没）が、まだ石川島芝浦タービンで技術部長をしていたころの逸話です。土光さんは日に一度設計室を巡回するのを日課としていました（図2-1）。図面の貼られた製図台を1つ1つ巡りながら、巡回していく中で、つと立ち止まり、製図台の設計者に、「君、ここのところは少しおかしくないか」と声をかけたそうです。図面を一瞥しただけで、図面のどこかがおかしいと感じる直感力はどこからくるのでしょうか。

図2-1　土光さんの日課（イメージ）

　人間は生まれてから、ものを持ったり、運んだり、飛び降りたり、泳いだりする経験を通して、圧縮力、引張力、せん断力、さらに摩擦力、抵抗力、がどんなものか、それらの性質を直感的に理解するようになります。重いものをより楽に運べる方法の順番は、圧縮、引張、せん断（共存する曲げモーメントがきつい）による方法の順であることを体得します。圧縮による方法は、特に重い物を天秤棒を使って肩で担いだり、アフリカやインドで行われている頭の上に乗せて運ぶ方法に見られます。圧縮、引張、せん断、のどれが一番楽に運べるかを感じることにより、力学的感性高めることができます。

　図2-2は荷物を持ち上げる時の、腰を傷めにくい良い姿勢と、傷めやすい悪い姿勢を示します。腰または背骨に曲げモーメントやせん断力が大きくかかると、ぎっくり腰になる危険が高くなります。

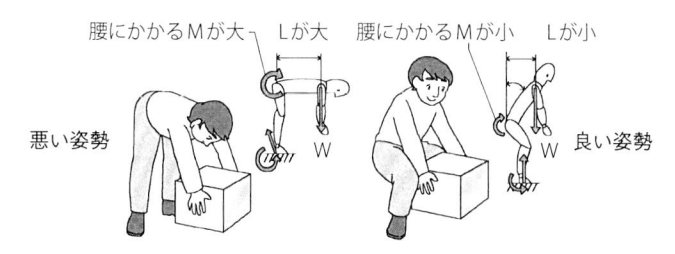

図2-2　荷物を持ち上げる姿勢 二態

　図面や現場で、荷重のかかっている場面を観察、考察、解析するなどの多くの経験を積み、4大力学である材料力学、流体力学、機械力学、熱力学を体得することにより、機械や建造物に働く力、モーメント、応力を自分の身体で感じ、直感的に捉えることができるようになります。

## 2-2 バランス感覚が大事

　図2-3のAからCは同じ架台に重さの異なるものを載せた図です。

　Aは荷重に対し一見して架台の強度、剛性は十分です。Bも強度、剛性ともにまずまず合格しそうです。Cは荷重に対し、架台がひ弱で、少し横荷重が働くと、つぶれそうな危うさを覚えます。Cの荷重に対しては、直感的に少なくともD程度の剛性の架台が必要と推定されます。これは

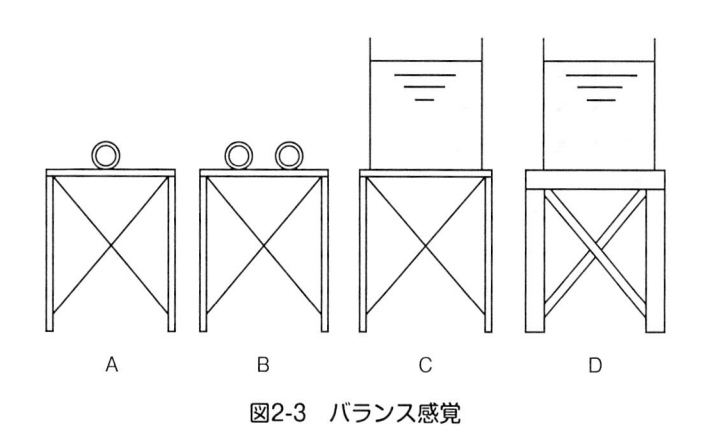

図2-3　バランス感覚

荷重の大きさと架台の剛性とのバランスに対し、直感が働くか、ということです。工学の世界では、バランス感覚が非常に重要です。そしてバランス感覚を養うために大切なことは、

①**材料力学、水力学、機械力学、熱力学、4力学の基礎的なところをマスターすること。**

　材料力学は荷重という力と荷重を受ける構造物に発生する応力の関係を明らかにしてくれ、水力学は流れを支配する法則を教えてくれ、機械力学は配管の振動の原因と抑止について教えてくれます。

②**図面を単に「見る」のではなく、「読む」訓練をすること。**

　図面を読むとは、例えば、どんな荷重がどこにかかり、その荷重はどこをどのように伝わるか、そして、その荷重に対し、各強度部材は耐えられそうかを「読む」のです（❷-❽参照）。

③**現場に繁く足を運び、現物に親しむこと。**

　図面から得られるイメージ（大きさや重さ）が現物と異なる場合があります。この乖離をなくすため、図面で得られるイメージを現物で確認する習慣が大切です。

## ❷-❸ イメージ力を高める

　もう1つ、土光さんのエピソードです。タービンの設計者に対し、「蒸気になったつもりで、蒸気通路を通ってみたまえ。そうすれば、良くな

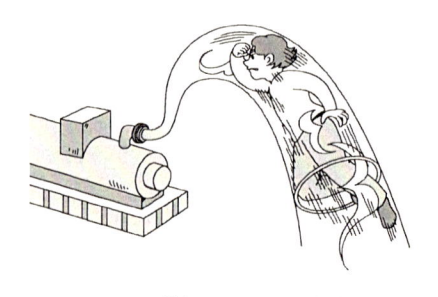

図2-4　蒸気になったつもり

いところがわかるよ」と言われたそうです（図2-4）。図面の形状をもとにして、3次元的にイメージした蒸気通路を蒸気になったつもりで通過しつつ、スムースに流れていくかを、感覚で掴めといっているのだと思われます。直観（あるいは直感）で判断する、というのは、理詰め、すなわち、ディジタル的に判断するのではなく、アナログ的に判断すること、すなわち、イメージ（画像）で判断することです。

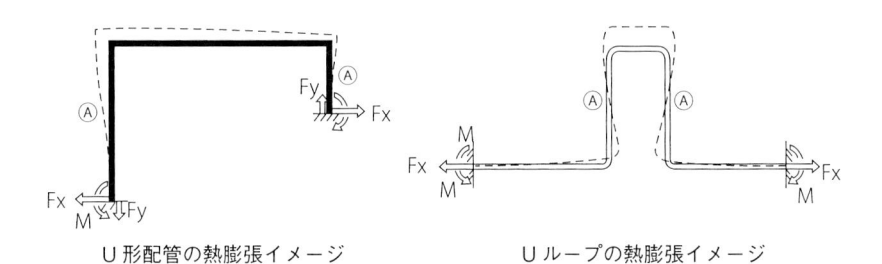

U形配管の熱膨張イメージ　　　　Uループの熱膨張イメージ

**図2-5①　熱膨張をイメージする**

　工学の世界でイメージ力を高めるには、4大力学基礎のマスター、図面を読む訓練、現物に親しむ、などが大切です。

　配管技術の世界でイメージ力の例を示します。図2-5①はU字形配管とUループ配管が熱膨張したときの変形の様子を破線で示しています。これらをイメージして描けるようになるには、①材料力学の、特に梁の力学をマスターする（図2-5①のⒶの梁はダブルカンチレバーの変位に類似する）、②実際に棒を曲げたり、骨組のようなものを自分で変形させた経験や、現場で配管や梁の変形を見た経験、③コンピュータによる

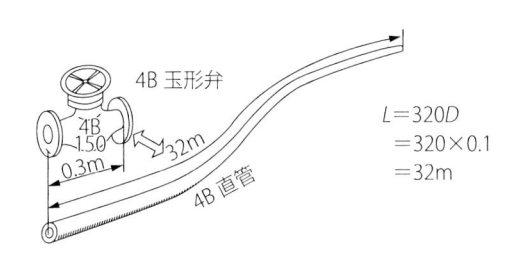

$L = 320D$
$= 320 \times 0.1$
$= 32\text{m}$

**図2-5②　直管相当長さをイメージする**

配管の熱膨張解析のO/P図（変形を拡大図示したもの）のレビューなど、の多角的な経験により培われるでしょう。

　また、圧力損失計算の時、管継手やバルブの損失は、直管相当長さL/D（L：相当長さ、D：呼び径）で表されます。たとえば、玉形弁の場合340というふうに。この340を単に数字として認識するだけでなく、**図2-5**②のようにイメージに変えましょう。そうすれば、より正しい判断ができるようになるでしょう。

## 2-4　仮想演習をする

　畑村洋太郎氏、中尾政之氏等が提唱する「仮想演習」という、技術上の問題点の発見方法があります。昔、軍隊が戦いの仕方を図上でシミュレーションした「図上演習」も「仮想演習」の一種です（**図2-6**）。

　たとえば、ある装置の設計が一応できたとします。その段階において、図面上でその装置を仮想的に運転してみます。開いている弁を閉じていくと、あるいは閉じている弁を開けていくと、その上流、下流の管路内でどのような変化が起きるか。また、流体の圧力、温度が上がった時、その装置、配管の各部にどのように変形し、どのような荷重が働き、各

**図2-6　図上演習**

部の変形や応力、荷重に問題はないか。設計流量は流れるか。このように起動から停止まで、あるいは負荷変化や、さまざまな運転モードにおいて、実際にバルブを動かしたつもりになって、その配管、装置にどんなことが起こるか予想し、図面とシャープペンシルと電卓そして頭を使い、シミュレーションをします。この頭による図上シミュレーションを仮想演習といいます。

## ❷-❺ 想像力と恐怖心

　20世紀の先進的なシェル構造の建築家、レフ　ツェトリンに「私はあらゆることに注意を払い、惨事を思い浮かべようと思っている。私はいつも恐怖に襲われる。技術者にとって、想像力と恐怖心は悲劇を避ける最良の道具の1つである」という言葉があります。

　ANAグループでは、御巣鷹山の墜落ジャンボの残骸や写真により事故の悲惨さを社員に体感させる安全教育を行っていると聞きます。もしも、このボルトが切れたら、もしもこの管が破断したら、どんな事故が起きるか、想像すれば、自ずとより慎重に設計をしなければならないと、肝に銘じるようになるでしょう（図2-7）。

　想像力から生まれる「恐怖心」は人のマイナス面からの思考法のようにとられるかもしれませんが、この考えは、「自分の仕事に対する使命感」と表裏一体をなすものといえるでしょう。

図2-7　想像力と恐怖心

## 2-6 掠め去るものの前髪を掴め

「チャンスの女神には前髪しかない」という西洋の諺があります。

次のような経験はおもちではないでしょうか。何かを決める、あるいは何かを判断しなければならないとき、「Aに決めた」、あるいは「Aと判断した」が、その際「Bではないのかな」という漠然とした思いがふっと脳裏を掠め、そのまま通り過ぎさせてしまいます。そして、後になって、実はBの方が正しかった、ということがあります。そして振り返って、「そういえば、あの時、Bではないかという考えが頭を掠めたなあ。何故あの時、Bを捉えて、検討しなかったのか」と、後悔します。何かを判断する時、ふっと脳裏を掠めたことを、過ぎ去る前に、すかさず掴み取り、「本当にBではないか」と、確認することが大切です。

西洋の諺は、幸運の女神には前髪しかないので、通り過ぎる一瞬に前髪を掴まないと、もう捕まえることはできないという意味です。トラブルの場合も、なにか変だなという感じがした時、敏感にそれを察知し、すかさず問題として捉え、その内容を確認することが大事です（図2-8）。

図2-8　前髪を掴め

## 2-7 メリットの裏にデメリット

ある設計の途中段階で、あるいは、既存のものをベースに設計を行っている時に、今の設計にはない、メリットのある新しいアイデアが浮かんだとします。その時、ともすると、そのメリットに目をとられ、安易

に設計変更（技術変更ともいう）をしがちです。しかし、世の中はそんなに良いことばかりあるわけではないことに気づくべきです。変更案に飛びつく前に、「しかし、待てよ」とメリットの裏にデメリットが潜んでいないか、あらゆる角度から、仔細に検討すべきです。

　設計変更を安易に受け入れたため起きた大参事の例を紹介しましょう。それは1988年、米国カンサスシティのホテルで起きました。

　このホテルは4階まで吹き抜けのホールがあり、その北側に客室、南側にイベントホールがあって2階、3階、4階の客室ゾーンとイベントホールゾーンを結ぶ、長さ37mの廊下がホールの空中に設けられていました。3階の空中廊下は、4階の天井の梁から単独で吊るされていたのに対し、4階の廊下はスペースの関係から2階の廊下の真上に、当初設計では2階と4階を通しのロッドで、**図2-9**のように吊られていました。施工の段階になって、空中廊下を吊るロッドは2階から4階までの長さにわたりねじを切らねばならないため、施工会社が設計会社に設計変更を提案し、承認されました。その変更設計案が**図2-10**で、通しロッドは切り離され、上部ロッドと下部ロッドに変更されました。そしてこの変更案により工事が施工されました。

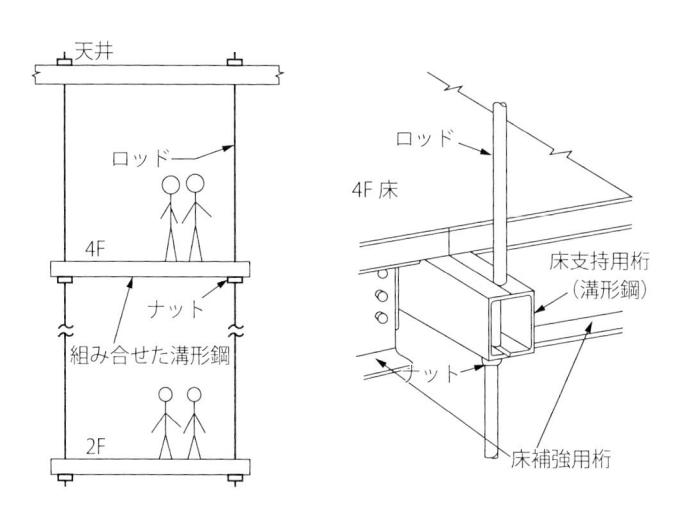

**図2-9　当初設計の2階、4階の空中廊下と4階梁の細部**

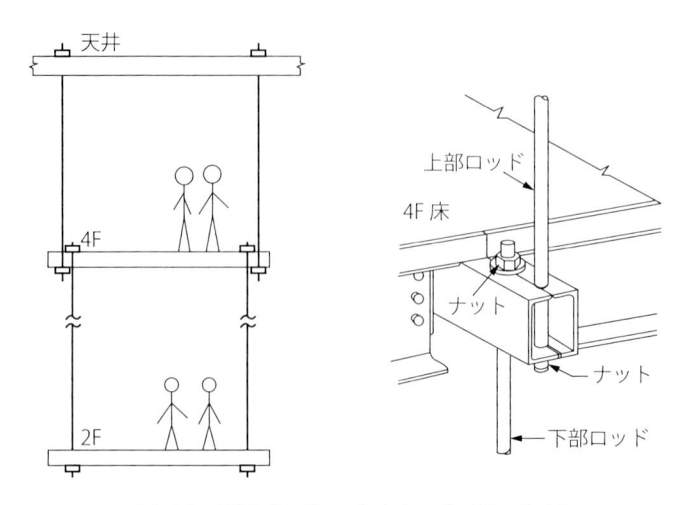

**図2-10　設計変更後の空中廊下と4階の細部**

　開業後、ほぼ1年経ったその日、このホテルでダンスコンテストが催され、1600人が訪れました。空中廊下には2階に40人、4階に16人がいました。突然、2階と4階の空中廊下を吊る上部ロッドの1本が外れ、連鎖的に他のロッドも外れて、2階、4階の空中廊下が重なって1階の床に叩きつけられ、1階にいた人を含め、114人が死亡、200人以上がけがをする大参事となりました(参考文献⑮)。

　事故後の調査で、設計会社も施工会社も、変更設計は当初設計と実質的に同じと判断したためか、変更設計の強度をチェックしていませんでした。当初設計と変更設計の、ロッドと梁にかかる荷重を比較して図に描けば、**図2-11**のようになり、当初設計の通しロッドの場合、4階の床支持用梁がロッドから受ける力は4階の重さのみであるのに対し、変更後の4階床支持用梁が上部ロッドのナットから受ける力は4階と2階の重さを加えたものになるのですが、そのことを想定しなかったのです。空中廊下崩落は**図2-12**のように、4階を支える床支持用梁が、4階と2階の重さに耐えきれず、梁の、上部ロッドの穴周辺でめくれ上がり、荷重を支えるナットがすっぽ抜けていました。床支持用梁は、2本のみぞ形鋼を対向させ、突合せ面を長手方向に溶接した構造ですが、ロッドを

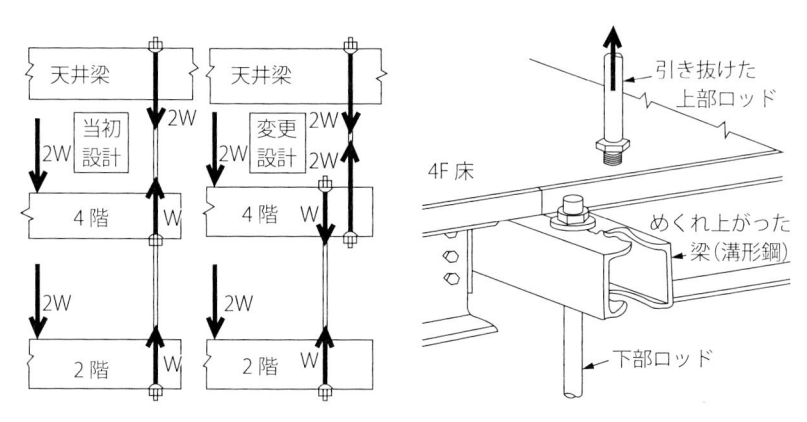

図2-11　初期設計と変更案の相違　　図2-12　4階床支持用梁の損傷状況

通す位置が強度的に劣る溶接線を貫いていたことにも、問題がありました。

いうまでもなく最大の問題は、変更設計の強度が設計会社においても施工会社もおいてもチェックされなかったことです（裁判で設計会社が有罪となりました）。

直感は大事ですが、直感だけで判断するのは、エンジニアとして厳に避けるべきことです。解析などによる強度計算が不可欠で、必要あれば、モデルテスト、さらにはモックアップ（実物大）テストなどを行います。

## ❷-❽ 図面を読む

図面は「見る」ものでなく、「読む」ものであると❷-❷で触れましたが、ここで改めて取り上げます。

実際に起きた事故の1つの例をあげましょう。

1997年米国テキサス州のオレフィン製造装置に使用されていた口径36Bのバタフライ式チェック弁が破損、2.1MPaの高圧軽質炭化水素ガスが噴出、着火、爆発し、大火災となりました。物的被害は甚大でしたが、人的被害は幸いにも数名の負傷者で済みました。**図2-13**はその

36Bのバタフライ式チェック弁の簡略化した断面図です。弁には急閉するためのカウンタウェイトと空気駆動式アクチュエータが付いていました。弁棒は一体ものではなく、分割式で、両側の弁棒と弁体の固定はダウエルピン（位置決めのためのピン）、右側の駆動弁棒のトルクはキーによって弁体に伝達されます。弁はそれまでに何度も急閉作動を繰り返し、低流量時には、チャタリングやフラッタリング（第8章18参照）を起こしていました。ダウエルピンとキーは硬化鋼でした。流体のガスは水素成分の多い可燃性ガスで、硬化鋼は水素脆化を受けやすい環境にありました。

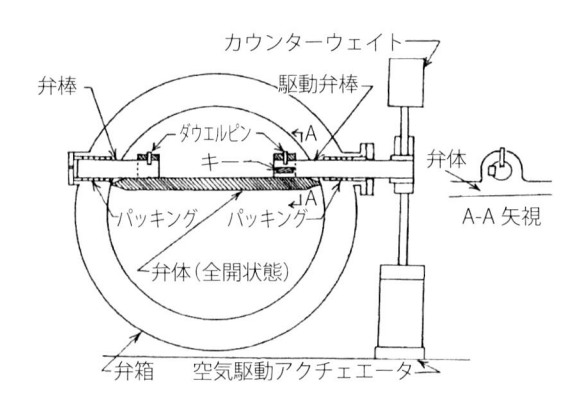

**図2-13　バタフライチェックバルブ**

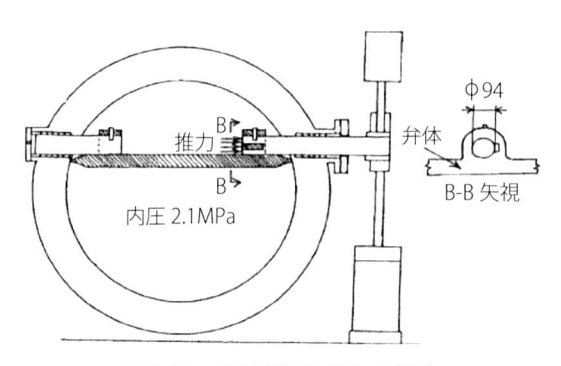

**図2-14　弁棒断面に生じる推力**

事故は、ダウエルピンがせん断破壊し、それにより駆動弁棒が、弁体から離脱、弁箱の弁棒貫通口を通り抜け、カウンタウェイト、アクチュエータもろとも遠くまで吹き飛ばされました。そして弁箱の弁棒貫通の穴から大量の可燃ガスが噴出、雲状に上昇し、大爆発を起こしました。
　この弁の強度評価は、内圧に対する強度、弁体開閉に伴う動的な強度の評価が主たるものになるでしょう。内圧に対する強度評価において、この弁には、「図面を読まない」と見つからない、１つのポイントがあります。それがこの事故の原因になりました。この弁の弁棒は１本ものでなく、分割されているため、弁棒の端面が２カ所あり、そこに内圧がかかり、外へ向かって推力が生じていることを見抜かなければいけません。弁棒の外側は大気圧なので、弁棒には棒断面積×内圧（ゲージ圧力）の推力が弁内部から外側へ働き（**図2-14**参照）、
　その力は、

$$\frac{\pi}{4} 0.094^2 \times 2.1 = 0.015 \times 10^6 \mathrm{N} = 15\mathrm{kN}(\approx 1.5\mathrm{ton})$$

すなわち、細いダウエルピンに15kNのせん断力が働きます。この弁には、細いダウエルピン以外に、弁棒を外部へ抜け出させないしくみはありませんでした。ダウエルピンのサイズは不明です。ダウエルピンにキズがなければ、強度的にもったとしても、弁急閉の衝撃と水素脆化の重畳作用により、クラックが時間と共に進展していけば、事故が起きるのは時間の問題であったでしょう。事実、事故後の調査で、ダウエルピンのせん断が確認されました。
　恐らく、この分割弁棒とその周辺には、このバルブで初めて採用した技術があったはずです。
　一般的にいえることですが、図面・図書をレビューするとき、念頭に置いておくことがあります。図面・図書を万遍なく、すべてチェックするのは、非常な手間を必要とします。チェックする図面・図書の技術の中身の内に、設計、製造・検査方法、使用環境、などが充分な運転実績のある従来製品とまったく同じで、トラブルが報告されていない技術が

あった場合、その技術がケアレスミスがなく、忠実に製造されていれば、その技術の範囲内はトラブルが起きないはずです。したがって、そのような技術の検討は簡略化し、今回初めて技術変更したところ、使用環境の変わったところなど、実地使用の実績のない技術を重点的に検討します。

## 2-9 技術変更点を洗い出す

　技術を変更した所（もちろん新技術も含みます）には運転実績がありません。従って、トラブルの発生確率は実績のある従来技術より高くなります。技術変更点は要注意です。たとえば、次のようなものは、技術の変更点として捉えるべきです。

・従来、フランジ接続であったところを、溶接接続に変える。またはその逆。
・従来は、一体ものだったものを2分割にする、あるいは、その逆。
・従来は、磁粉探傷試験であったのを、電磁探傷試験に変える。
・従来は、東北地方以南で使われていたが、今回初めて北海道に納入する。
・設計、製造ともに従来技術を使っているが、今回サイズを1.2倍にスケールアップする。

などがあります。システム的なものでは、他の部門が行った技術変更が自部門の製品やシステムになんらかの影響を与えることがあるので、関連のある設計にも注意を払う必要があります。

　技術変更点の見落としがないように、表2-1のような技術変更有無のチェックポイントリストを準備しておくと、見落としの防止に役立ちます。この表は対象の製品とシステムの内容により、かなり違ってくるので、対象品にふさわしいチェックリストを作成する必要があります。

　リストアップされた技術変更は、そのデメリット評価を徹底的に行う必要があります。よく利く薬は副作用も強いものです。それを見つけ出します。

## 表2-1　技術変更点有無のチェックポイント

実績ある技術(製品)よりの技術変更の有無は、以下の観点より、チェックすること。

### 1. システムレベル

(1) 系統(P&ID)、レイアウト(ルート含む)
(2) 性能・機能
(3) 運転・制御方法
(4) 解析・評価方法
(5) 試験・試運転方法
(6) 据付・施工順序
(7) 取り合い

### 2. 機器レベル

2.1　適用規格
　(1) 適用法規、規格、規準
2.2　使用条件
　(1) 使用流体(種類、性状、圧力、温度、湿分、pH、酸素濃度)
　(2) 運転条件(起動停止回数、運転モード、等)
　(3) 環境条件(温度、湿度、屋内外、周辺機器)
　(4) 配置(設置場所、取付姿勢)
2.3　設計条件
　(1) 容量、定格
　(2) 圧力、温度
　(3) 荷重、耐震条件
　(4) 差圧、流速
　(5) 設定値
　(6) 耐用年数
2.4　性能
　(1) 機械的性能(強度、速度、回転数、振動等)
　(2) 熱・水力性能(熱交換量、水頭、流量等)
　(3) 化学的性能(反応速度等)
　(4) 電気的性能(特性、耐電圧、絶縁性、過電圧等)
2.5　構造・形状・外観
　(1) 構成要素(型式、部品追加・削除・組合せ方、取付け位置・姿勢)
　(2) 形状、寸法、クリアランス、嵌め合い
　(3) 溶接開先の形状、寸法
　(4) 仕上げ・外観(表面粗さ・硬度等)
　(5) パッキン、Oリング等
2.6　材料・材質
　(1) 材料・材質(成分、機械的性質、熱処理等)
　(2) 材料・材質の組合わせ
　(3) 塗装材、メッキ材、ライニング材、潤滑材、焼付け防止材等
　(4) 材料間の電位差
　(5) パッキン、Oリング等
2.7　解析・評価方法
　(1) 解析方法(解析コード、使用ソフト等)
　(2) 評価方法
2.8　製造・製作・試験検査
　(1) 製法(加工法、使用機械等)
　(2) 製造、検査手順
　(3) 熱処理方法
　(4) 溶接方法(施工法)
　(5) 製作加工寸法(公差含む)
　(6) 組立寸法(形状寸法、クリアランス、芯合わせ等)
　(7) 作業条件(作業性等)
　(8) 表面処理方法(仕上げ法、塗装法、メッキ法、ライニング法)
　(9) 洗浄
　(10) 試験・検査の方法
　(11) 梱包・輸送方法
　(12) 保管・養生方法
　(13) 未経験の大きさ、重量、形状
2.9　据付・保守
　(1) 搬入・据付の方法と手順、据え付け調整で決める寸法
　(2) 作業条件
　(3) 保守・点検方法
　(4) 試験・検査方法
　(5) 洗浄
2.10　既設との取合い
　(1) 建屋、筐体、関連系統、ユーティリティとの取合い等

## 2-10 デザインレビューの実施

デザインレビュー（設計審査ともいう）は、図面・図書に潜んでいるかもしれない、将来トラブルとなる種を摘み取るための有効な手段です。

デザインレビューの効果を上げるため、次の点に注意します。

① デザインレビュー会議には設計、品質保証、調達、試運転、さらに場合によっては開発部門など、製品（あるいはシステム）に関連する各部門より、経験豊かな人を招集すること。集まった人の経験と、視野の広さがそのデザインレビューの成果に直接影響します。したがって、開催通知はその部門、または、その製品・システムに関するキーパースンに配布されるべきです。

② デザインレビューまでに、2-8で述べた技術変更点のデメリットに対し十分な検討、評価がなされていることが必要です。また、第3章で述べる過去のトラブルに対する再発防止策が反映されているか事前にチェックをしておきます。

③ デザインレビュー出席者は多くの経験を積み、トラブルの修羅場を多く踏んできた人たちです。これらの人たちはトラブルの匂いを嗅ぎつける、嗅覚のようなもの、あるいは直感能力が備わっています。これらの能力が十分発揮されるように、レビュー会議を進行することが大切です。

## 2-11 配管を横から見る

配管の起点から終点まで、管路がどのようにアップ・ダウンしつつ繋がっているかは、配管の運転・保守の上で非常に重要です。特に、重力のみで流れる流れや二相流、気体の流れでは重要です。配管のアップ・ダウンが流れの閉塞、ウォーターハンマ、フラッシュ、不安定流動、ドレン溜まり、空気溜まり、に密接な関係があるからです。起点から終点までのアップ・ダウンを視覚的に明瞭にするには、配管を横から見た図

を連続して、縮尺で描いてみることです。

**図2-15**は、アップ・ダウンのある典型的な配管を横から見た図です。

各様式のポイントは次のようになります。図の上の方から説明します。

**重力流れ**：重力だけで流す方式。たとえば簡易水道において上方の貯水池から下方の配水池へ流す場合など。途中にU字配管や逆U字配管があってもかまわないが、上方の貯水池水面より高くなる配管がないこと。ただし第5章41 参照。

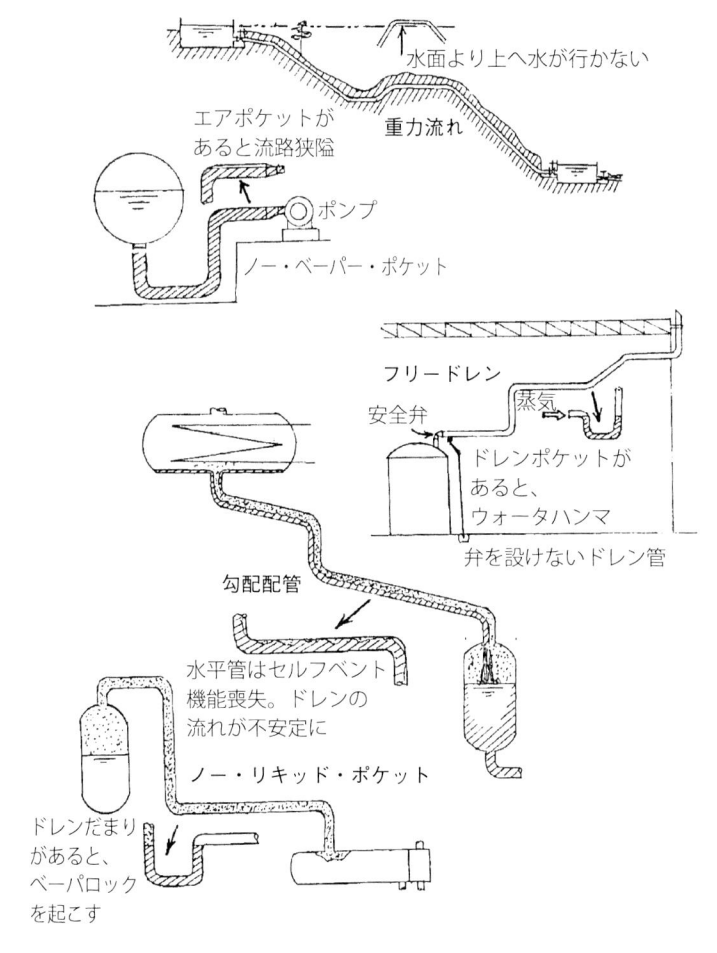

**図2-15　配管を横からながめる**

027

**ノー・ベーパー・ポケット**：流体が液体の場合、途中に気体がたまるポケットがないこと。具体的には逆U字とそれに類似の配管を作らないこと。たとえば、第5章41。

**フリードレン**：流路の途中にドレンも気体もたまらない配管をいいます。たとえば、安全弁の放出管。安全弁が吹いたとき、途中にドレンがあると、高速の流体がドレンを捕捉し、高速で曲がり部などにぶつかり、配管に衝撃を与えます。たとえば、第5章66。

**勾配配管**：流体が液体で、流路の何処においても開水面のある配管をいいます。これは、上流側容器と下流側容器が気相でつながっていること、すなわち、両容器の圧力がバランスしていることを意味します。たとえば、第5章42。

**ノー・リキッド・ポケット**：U字形配管に代表されるドレンポケットのない配管をいいます。凝縮性のある蒸気（気体）を輸送する配管にドレンポケットがあると、蒸気が凝縮したドレンがポケットに滞留し、流路を閉塞され、蒸気（気体）を送れなくなります。たとえば第5章21。

　上記のような特別な配管機能が満足されるように、設計・施工するためには、配管ELの変化を把握する必要があり、そのためには、横から見た配管を始点から終点までスルーして、縮尺で描かれた図面が必要です。

## 2-12 ラインチェックの実施

　ラインチェックは、プラント配管において、耐圧・気密試験の前に行われます。その目的は、施工の終わった配管が、設計図面・図書、主としてP&IDなどと照合して、設計どおりにできているか、また運転、メンテナンス、安全の面で問題はないかをラインごとに1本1本チェックしていき、不適切な所が見つかれば是正処置をとります。ラインチェックに参加するのは、客先エンジニア、配管工事監督者、配管設計、プロセス設計、OC担当などです。ラインチェックで発見され、是正された不具合箇所の例を図2-16に示します。

図2-16 ラインチェックで是正された不具合箇所の例

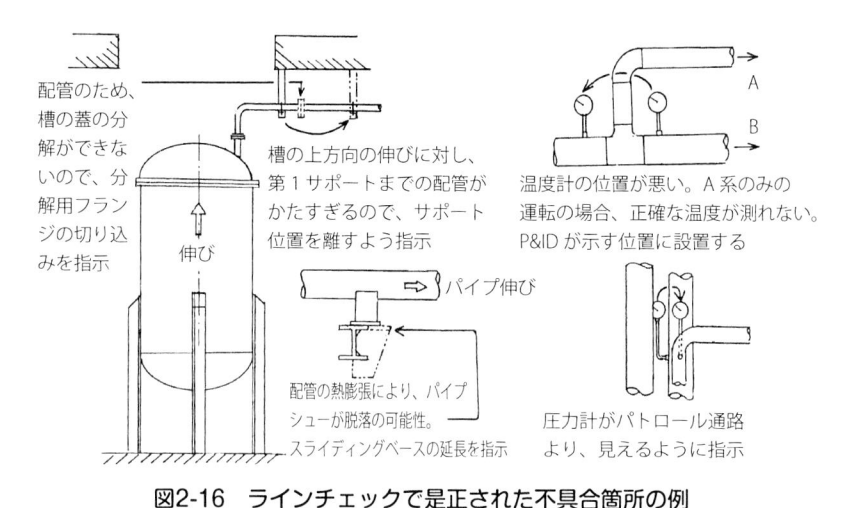

## ❷-⓭ コンピュータO/Pのレビュー

　現在、技術計算の多くはコンピュータソフトを使って行われます。これらソフトは十分検証されたものであれば、正しい使い方とI/Pにより、正しいO/Pが得られるはずです。しかし、往々にして不適切な初期設定や、I/Pエラーがあったりで、正しいO/Pが得られない場合も出てきます。コンピュータソフトはブラックボックスであることが多く、手計算でチェックするには長い計算を必要とする場合が少なくありません。このようなとき、O/Pの妥当性をチェックするにはどうすればいいでしょうか。

　簡易計算の方法があれば、それによることができます。それもないときは、自分の経験、4大力学の基礎、イメージ力、地頭力などを動員して、O/Pの概略の大きさ、符号の正負を類推し、それらとO/Pとを比較すれば、かなりの確度で大きなエラーを見つけることができると思います。

　前出の図2-5は、配管フレキシビリティ解析のO/Pである固定点にかかる力、モーメント、曲がり点における伸びの方向と大きさなどをイメ

ージ力で推定したもので、これらとO/Pの比較により、O/Pの妥当性をある程度判断できます。

## ❷-⑭ トラブル未然防止のための各種手法

　トラブルの未然防止のために企業や団体で、現在、行われている手法について、簡単に触れておきます。各手法の詳細については、専門書をご参照ください。

　なお、これらの方法の実施はともすると、形骸化に陥り易いので、本来の趣旨をよく踏まえ、常に初心に立ち返って実行することが大切と考えます。

　**FTA**（故障の木解析＝**図2-20**）：起こってはならない事象の起きる確率を、トップダウンしていき、求める方法です。トップに起こってはならない事象を置き、その原因となる、第1次要因をその下に列挙します。さらに第1次要因の原因となる第2次要因をその下位に列挙します。これら中間要因を中間事象といいます。最下位にくる原因が基本事象で、直接確率を見積もる事象です。

　確率は下から、上へと計算していきます。同位の事象のいずれかが起きると、上位の事象が起きる場合は、確率を加算し、すべての事象が起きる場合のみ上位事象が起きる場合は、確率を掛けます。こうして、順次上へと計算していき、最後に、起こってはならない事象の起きる確率

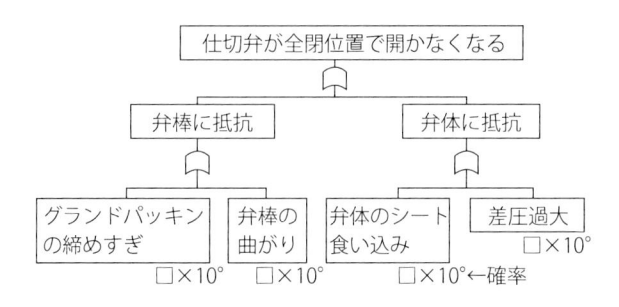

**図2-20　FTAの書き方**

を算出します。

最下位事象の確率は、たとえば、1年に1回起こる確率であれば、1回は一日として、$3 \times 10^{-3}$とします。

**FMEA**（故障モードと影響解析）：FMEAは、新設計あるいは設計変更した実績のない技術に適用します。デザインレビュー前に、作成し、デザインレビュー資料として使うと効果的です。

ある装置またはシステムが故障すると、どのような現象が起きるかをボトムアップで残りなく抽出し、その中の影響の大きい現象を除く方法です。

FMEAのワークシートは、以下の項目が、左から右へと書き込まれるようになっています（**表2-2**）。最初に、対象の装置の心配点である故障モード（たとえば、「溶接部が疲労破壊する」など）を列挙し、次にそれぞれの心配点を、そしてその心配の理由を、次にその心配点が起きると、どのような影響が出るか、次に、その心配点を除くためにどのような設計やチェックをしたかを書きます。

このFMEAのワークシートをDRにかけ、DRで決められた、「推奨される、心配をなくす対応案」をワークシートのさらに右側に記入します。対応案を実施する担当と期限も記入します。

表2-2　FMEA ワークシートの例

| 部品名 | 機能 | 心配な点 | 心配の理由 | 影響度 | 心配を除くためにしたこと | DRの結果 推奨対応案 ||| 
|---|---|---|---|---|---|---|---|---|
| | | | | 重要度 | | A | B | C |
| | | | | | | | | |
| | | | | | | | | |
| | | | | | | | | |

# 第3章
# 同じトラブルは二度起こさない

　この章では、起きてしまったトラブルの対処の仕方と再発防止について考えます。トラブルが起きたら、二度と同じトラブルが起きないしくみを作り上げるため、そのトラブルを「骨までしゃぶりつくす」ことが大事です。それにより、トラブルによる諸々の損失は、技術料として捉えることができるようになります。トラブル再発防止にもっとも大切なものは、「トラブル記録」と、「真の原因の究明」です。

## 3-1 トラブルが起きてしまったら

### ① トラブルシューティングの責任者

不幸にしてトラブルが起きてしまったら、真の原因を究明し、対策を検討し、復旧し、同種トラブルの再発防止策を策定します。このトラブルを制圧する一連の行動を「トラブルシューティング」といいます。

そのトラブルの責任者がトラブルシューティングのリーダー、あるいは重要な役割を背負わされる場合が多いと思われます。しかし、その役を背負わされた人がトラブルに対する責任感から、落ち込んだ気分になっては、原因究明、対策の立案・実施に果敢に取り組み、多くのメンバーを引っ張っていくことに支障をきたします。したがって、そういう立場に立たされた人は、難しいかもしれないが、自己の気持ちとして過去を封鎖し、気持ちを切り替えることが非常に重要となります。

また、トラブルに責任のある人はトラブルシューティングの重要な役割から外し、トラブルシューティングのリーダーはそのトラブルに関係ない人を当てることも考える必要があるでしょう。

### ② レジリエンスを鍛えよう

レジリエンス（resilience）は弾力性、逆境力、回復力といったような意味で、自分に関係する失敗を自ら処理にあたる時、折れる心を立ち直らせるために必要なものです。トラブルの対応・処理に限りませんが、逆境にある時に大切なことは、

①楽観的になること、悪い面だけでなく良い面に目にも向ける
②結果に一喜一憂しない
③いつかできる、諦めない
④自分の世界に閉じこもらない、他人との連帯感をもつなど心の持ち方を変えていくことです。

### ③ 地頭力を鍛えよう

地頭力という言葉があります。「じあたまりょく」と読みます。この「地」は、その人がもっている本来の力を意味する言葉、「地力」の「地」

に近く、地頭力の意味は、ある課題が与えられた時に、自分の今もっている知識、経験だけをフル動員して、なんとか「答え」にたどりつこうとする根性のようなものです。

トラブルが起きた時、原因を推定し、対策案を作るのに、まず求められるのは、そしてすぐに役立つものは、この地頭力でしょう。日頃から、自分の頭で考える訓練をやっておくことが大切です。

### ④ トラブルシューティングで大切なこと

一般に、トラブルシューティングにおいて重視されることは、次のようなことです。

- ・トラブルが起きたら迅速に停止手順を考え、安全に停止させる。
- ・正しい情報を開示する。
- ・コンプライアンス（法令遵守）にのっとり処理していく。
- ・トラブルの起きた現状を保存する（その中に原因のカギが隠されている）。
- ・残されたエビデンス（証拠）を客観的、冷静に分析する。
- ・大局を把握する。
- ・思い入れ、思い込みを排する
- ・そのトラブルは再現性があるかを見きわめる。
- ・真の原因は草の根をかき分けても探し出す。
- ・推定原因はエビデンス（物証）や各種データと矛盾するところはないか。

などです。

## 3-2 過去を記憶しないものは

トラブルの再発防止に役立つ、1つの格言があります。

米国の哲学者、ジョージ サンタヤナ（1863～1952年）に次のような言葉があり、名言として知られています。

過去を記憶しないものは、過去を繰返すよう運命づけられている。

ジョージ サンタヤナ

この「過去」は、「運命づけられている」という言葉が続いていることから、「忌まわしい過去」を意味しています。「過去」を「トラブル」に読み変えると、トラブル再発防止の至言となります。記憶は薄れていくものですから、記憶を長く留めるためには、記録する必要があります。そして、「トラブルを記録しないものは、トラブルを繰返すよう運命づけられている」ということになります。

## ❸-❸ トラブルが起きたらすぐ記録

図3-1にトラブルを記録する用紙の例を示します。図3-1は❷-❽節のバタフライチェック弁の事故を例として記入してあります。この例には図は省略して書かれていませんが、図はトラブル内容をわかりやすくしてくれるので、できるだけ多くの図を使った方がいいでしょう。

記録するとき、後のために、データはできるだけ詳しく、具体的に記入します。

「**トラブルの内容**」を書く際、対象配管の口径、厚さ、材質、圧力、温度、系統、配管形状/ルート、流速、およびトラブルの状況のスケッチは必ず記載するようにします。これらのデータは過去のトラブルに共通している因子がないか調べるのに役立つことがあります。

「**トラブルの原因**」は当該トラブルが起きた真の原因を書きます。ただし、記録を書き出すときはまだ原因がわかっていないかもしれないので、当初は空白、または暫定的な原因を書いておいてもよいでしょう。

「**対策**」は、トラブル後の当面の間は、製品の使用、システムの運用、またはプラントの運転を続けるために優先される対策―それは応急処置の場合もあるでしょう―を書きます。

## トラブル記録

| 管理番号 | NO. ZZZA-001 | | | |
|---|---|---|---|---|
| 顧客名 | 工事名 | トラブル名称 | | 発生日 |
| — | ABC-001 | 900A バタフライ式逆止弁の弁軸放出 | | XX 年 YY 月 |

### 1．トラブルの内容
米国のある石油工場での事故。圧力 2.1MPa の可燃性ガスラインに設置してあった口径 900mm のバタフライ式逆止弁の弁棒（直径 94mm）が、外部へ放出され、外部に噴出したガスに引火し、爆発事故が起きた。人的被害は1名の負傷で済んだが、工場周辺には有毒ガスが拡散した。米国環境保護庁と職業安全健康局（OSHA）が調査し、その結果を警戒情報として公開した。本票は警戒情報を基に作成したものであるが、推定原因には憶測を含む。
この逆止弁は偏心タイプのバタフライ弁形式で、上流のコンプレッサがトリップした時、弁を急閉するため、空気駆動のアクチュエータとカウンタウェイトがついている。弁軸は分割形で、駆動弁軸はディスクとダウエルピンで固定され、トルクはキーで伝達されるようになっていた。反対側の弁軸はディスクにダウエルピンで固定されている。ダウエルピンとキーの材質は硬化鋼であった。弁は何度も急閉動作を経験しており、また、低流量時にはチャタリングやフラッタリングを起こしていた。流体の可燃ガスは水素リッチな流体であった。トラブルは駆動軸側のダウエルピンが切断されていた。

### 2．トラブルの原因
推定原因は以下のとおりである。（別図参照）
ダウエルピンは水素脆化をおこし、靭性が低下しており、度重なる急閉動作やチャタリングなどにより、運転中に微細クラックが発生し、それが時間と共に進展して、破断に至ったものと推定される。弁棒断面には内圧に起因する、断面積×内圧＝
$\frac{\pi}{4}(0.094)^2 \times 2100000 = 14600$ N の推力が弁箱の外向きにかかっており、ダウエルピンが折損して、弁棒を拘束する力がなくなると、弁棒は外側へ飛び出す。推力が大きいので、アクチュエータのリンク機構などを引きちぎられたと推定される。

### 3．対策
対策として、最も確実なのは弁棒に推力が働かないように、1軸通しの弁棒を採用すること。次善の策としては、水素脆化を起こさない材質の弁棒に一体で、2箇所の弁箱貫通部にスラストカラーを設けることである。その際、繰り返し応力と回数を考慮して、疲労設計を行うこと。

### 4．再発防止策
内圧を受ける容器内にあって、圧力バウンダリ（耐圧壁）を貫通する部材は、必ず内圧と外圧び差圧と貫通口断面積の積に等しい推力を受けるので、その推力を受ける装置の強度を充分検証すること。

### 5．水平展開

| 報告書 | | 回答書 | |
|---|---|---|---|
| 方案書 | | 参考資料 | インターネット Shaf blow-out Hazard |

図3-1　トラブル記録のフォームシートと記入例

「再発防止策」は、同類のトラブルが再び起きないための施策を書きます。記録でもっとも重要な箇所です。

「水平展開」は判明した当該トラブルの原因から、同じようなトラブルが起きる可能性のある製品、システム、プラントがないか、検討した結果を記入します。水平展開すべきものがあった場合、緊急性のあるものから計画的に改善処置をとります。

サンタヤナの言葉に戻るまでもなく、トラブルの再発防止の第1歩はトラブルを記録することです。小さなトラブルもトラブルにならないヒヤリハット的なことも、再発性のあるものは記録にとどめます。なお、独立行政法人 科学技術振興機構が作成し、現在、畑村創造工学研究所がサイトにて公開している、「失敗知識データベース」においては、各事故の記述する項目を、「事象」、「経過」、「推定原因」、「対処」、「総括」、「知識化」、の6つに分けています。

書かれたトラブル記録は製品別、または事象別、原因別など、ある「決まり」によって分類し、整理番号をつけ、データベースとして蓄積していきます。これで記録として残り、トラブルの痕跡が消えることはありません。しかし、設計時に同じトラブルを防ぐのに役立つかというと、記録のままではデータが多すぎて、それと類似の設計に、あるいは類似の製品に以前起きたトラブルの反映をすることは難しいでしょう。この使いにくいデータを利用しやすい形に変換する、すなわちデータベースを基にして、日常の設計業務に反映できるしくみを作る必要があります。その方法を次に説明します。

## ３-４ 類似トラブルの共通点抽出

トラブル記録から、同類トラブルの再発を防止するノウハウを引き出さなければいけません。それには、トラブルのデータベースの中から類似のトラブルを選び出し、そのトラブル群に、トラブル群を代表するトラブルの名称を付け、どのような事項、条件がそろうとそのトラブルが

発生するかを文章と図で書きます。さらに、そのトラブルに共通する再発防止策を記入します。この作業によって、トラブルデータベースを

| \multicolumn{4}{c}{トラブル チェックポイント リスト(／)} |
|---|---|---|---|
| 分類番号 | トラブルの内容 | トラブル防止策 | 備考 |
| S | 配管振動 | | |
| S-6 | 合流・ベンド部における振動 | | |
| | 減圧比の大きな減圧弁下流の合流やベンド部はT形の形状の場合、振動が大きくなる。 | 減圧弁や調節弁の合流やベンド部は曲がりはTを使わず、曲げ半径が1.5D以上のベンド、Yピースなどのスムースな曲げとする。 | Dは口径 |
| | 蒸気減圧弁の場合 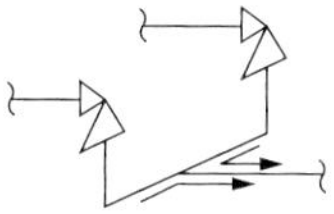 | 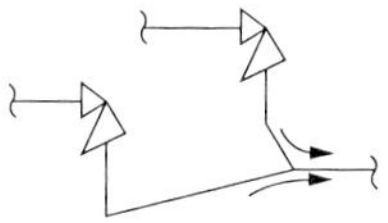 | |
| | 減圧比の大きな調節弁の場合 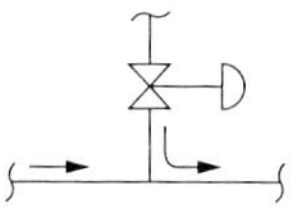 | 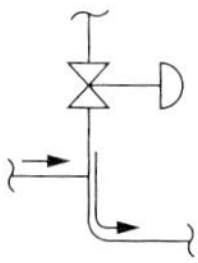 | |
| S-7 | 上流の偏流によるバタフライ弁の振動 | | |
| | 調節弁の直後にバタフライ弁を置くと、偏流によりバタフライ弁が振動する。 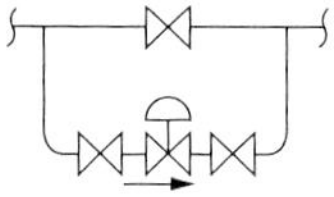 | 調節弁下流のバタフライ弁は調節弁より十分離す。 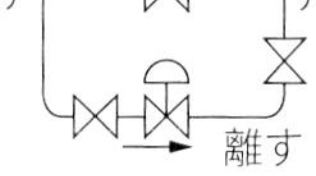 | バタフライ弁は弁体が流路の真ん中にあるため流れの乱れや偏流の影響を受けやすい。 |
| | T分岐の直後にバタフライ弁を置くと、偏流によりバタフライ弁が振動する。 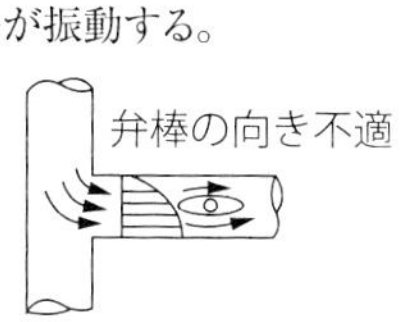 | 偏流に対し、バタフライ弁の不適切なオリエンテーションを避ける。 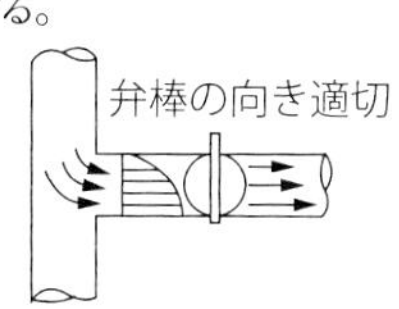 | |
| | 弁棒の向き不適 | 弁棒の向き適切 | |

図3-2 トラブルチェックポイントリストの例

100のオーダーの数のトラブル群に分けます。これらをリストにしたものをたとえば、「トラブル チェックポイント リスト」と名付けます。その例の一部を**図3-2**に示します。

トラブル チェックポイント リストの活用は、設計図書を作成するとき、またはレビューするとき参考にし、また、これをテキストにして教育を行うなどの組織学習に活用します。

## 3-5 トラブルに敏感な職場風土

再発の可能性の高いトラブルや、再発した時の影響が大きいものは、再発防止のためのチェックリストや標準を作成し、その標準の適用を義務付けるようにします。しかし、それをもって「再発防止策終わり」としてはいけません。これらの制度を作っただけでは、「仏作って魂入れず」の喩えの通り、せっかく改善した制度が生きてきません。作られた制度を活かし、継続的に運用していく職場風土への改革が必要です。

また、トラブルに敏感な職場風土でなければなりません。そしてトラブルを執念深く追究する職場風土にしなければいけません。

トラブルは失敗であり、人は失敗を人前に出したがらないものです。トラブルが起きたらトラブル記録を作成する、というもっとも基本的動作を組織としてスタートさせても、放っておくと、「トラブルが起きたらトラブル記録を書く」という決まりがなおざりになっていき、やがて衰退、消滅、これではいけないと、またスタートさせる。これを繰り返すということになります。

この制度を維持継続していく上で、もっとも重要なのは、その組織のリーダーのモチベーションと執念です。組織のリーダーは数年ごとに交代しますが、それにもかかわらず制度を維持していくには、トップダウンでしくみを作り、その企業の「文化」として継承していくことが肝要です。

## ③-⑥ 真の原因を究める

　トラブルの再発防止策を策定するには、トラブルの真の原因が不可欠です。もしも推定原因が的を外れたものであった場合、その原因を基に策定した再発防止策は意味のないものになってしまいます。

　また、トラブルの原因が見つかると、その原因がすべてと思いがちになるものですが、トラブル、事故は同次元の、あるいは異次元の副次的な原因が重畳することにより起きることが多く、トラブルを立体的に捉える必要があります。

　たとえば、管理面や組織面にも目を向ける必要があります。再発防止をするための管理や組織への改善は、「真の原因」をなくすことからは出てこない可能性があります。前出の空中廊下の事故は、直接的原因は支持桁の強度評価ミスですが、それを許したのは、設計変更管理が正しく行われていなかったという組織的な問題にあったと考えられます。

　さて、真の原因を究めていくために考案されたいくつかの手法があります。これらの手法は、さまざまな企業、あるいは個人が、使い勝手を工夫し変化させているので、これが「定形」というものはないように思われます。トラブルの原因を究明する手法として、「（解析用）特性要因図（フィッシュ・ボーン・チャート）」や「なぜなぜ分析」などがあります。ここでは簡単に触れるにとどめますので、各手法の詳細については、専門書をご参照ください。

　**特性要因図**（図3-4）：発生したトラブルの現場の特徴、データを収集し、それらから帰納的（個々の具体的事例から共通する法則を見出すやり方）に原因（要因）の候補を推定し、それらを系統立てて図上に整理し、結果（トラブル）に結びつく重要な要因を推定する方法です。

　まず、特性要因図の背骨である１本の水平の直線を引き、その右端に結果を書きます。その結果を頭にして、その直線からその両側に魚の骨のように斜めに何本かの直線を引きます。これを中骨といい、中骨の先端に大きな要因を書きます。中骨から水平に何本かの小骨を出します。

# 第3章

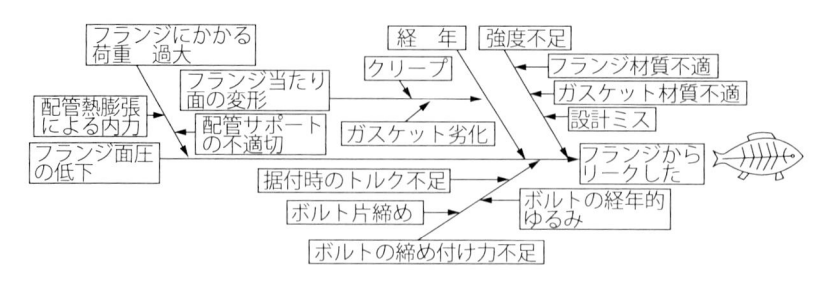

**図3-4 特性要因図**

小骨の先端に、中骨の大きな要因に関係のある小さな要因を書きます。

このようにして要因を整理し、原因の可能性としての重みづけを行い、原因推定の道具として使います。

**なぜなぜ分析**：なぜなぜ分析は事象（トラブル、事故）の真の原因を追究する方法として、図3-5に示すようにその事象が起きる可能性のあるすべての原因を抽出（抜け落ちがないように注意）して、一次の原因とします。次に、抽出された一次の各原因に対し、その原因を起こす可能性のあるあらゆる原因を抽出して二次の原因とします。これを繰り返して、五次の原因まで抽出します。中には、三次、四次で、それ以上展開できない原因も出てきますが、そういうものはそこで終わりとします。図3-6はなぜなぜ分析の簡単な例を示します。この表の中に真の原因が

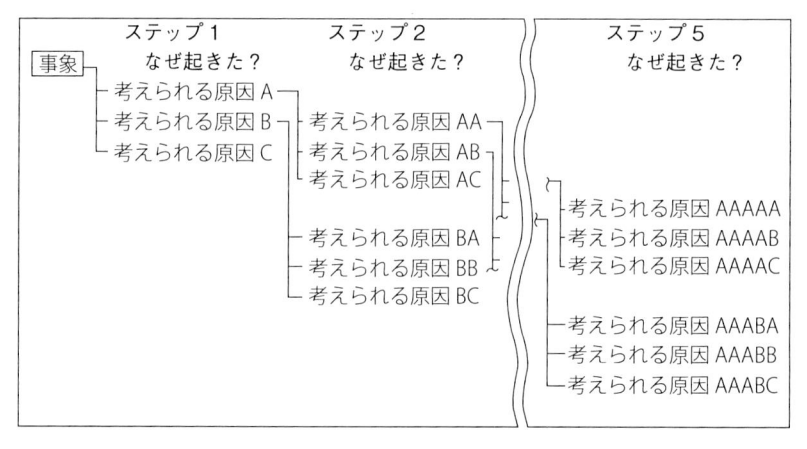

**図3-5 なぜなぜ分析のステップ**

あると考えられますがどれが真の原因かはわかりません。ここから事象の所見、類推、解析、実験などにより真の原因へとアプローチしていきます。また組織的、心理的にトラブルへ誘引する要素がなかったかについても必ず検討します。

**仕切弁が全閉位置から開かない**

| 現象 | なぜ① | なぜ② | なぜ③ | なぜ④ | なぜ⑤ |
|---|---|---|---|---|---|
| 手動仕切弁が全閉位置から開かない | 弁棒に抵抗がある | パッキンに弁棒が強く当たっている | パッキン押さえ輪を締め込みすぎた | | |
| | | 弁棒が曲がっている | | | |
| | 弁体に抵抗がある | 弁体がシートに食い込みすぎた | 弁棒を締めすぎ弁体がシートに食い込んだ | | |
| | | | 全閉後温度が上がり、弁棒が延びて、シートに食い込んだ | 近くを高温流体が流れた | |
| | | 片側からの圧力が高すぎて、弁体が… | | | |

図3-6　なぜなぜ分析の例

## ３-７ トラブルの効用

　大きなトラブルがあると技術は進歩します、これは私の40年余の会社生活で得た実感です。この実感を得るためには、真の原因が究明され、再発防止策が確立されなければなりません。

　トラブルから得られるもう１つの副産物は、トラブルシューティングが職場・組織に一体感をもたらし、自分の担当する職務以外の周辺、あるいはシステムの知識を習得するチャンスをもたらしてくれることです。

　いったんトラブルが起きると、トラブル当該部門とトラブルに関連する開発、技術、設計、調達、品質保証、試運転、製造・据付の各部門が

横並びに、また、縦には技監、部長、主幹、グループ長、主査、主任、担当者などが一体となって原因究明と対策のために、連日不眠不休の共同作業を行います。それはルーティン化した職場の中に、緊張感を呼び覚まし、トラブルシューティングを通じて、システムの全体的な働き、関連する装置のしくみや連携、などについて体で学ぶ絶好のチャンスを与えてくれました。まさに失敗こそが豊かな学習の資源でした。

そして、会社OBの集まりがあるときには、職場の同僚であった人よりも、大きなトラブルで寝食を忘れ、一緒に苦労した仲間の方がより懐かしさを感じるものです。

新しい技術が採用されると、一般にトラブル件数は増えますが、起こったトラブルに対し、再発防止策を打ち立て、同種のトラブルは繰り返さないしくみを作っていくと、再発防止策の効果に、技術革新のスピードの鈍化も加わり、私の受ける感じでは、20世紀後半と21世紀に入ってからとを比べると、マクロ的にトラブルの発生件数は減ってきているように思います。その結果、先に述べたトラブルシューティングによる学習の機会と効果が減ってきています。したがって今、トラブルシューティングに代わる何らかの訓練・学習方法が求められています。

> **山椒の実**
>
> **書き出してみると、わからないところがわかってくる：**
> ある事象の調査を進めていくと、あるところで、「わかった」と思う段階に達します。しかし、そのわかったと思うことを、書いてみると、意外にわかってないところや確認を要するところが見つかってきます。それは、頭の中だけでわかったと思う時は、頭の中で盲点になっている所に気がつかないからです。わかったと思うことを書き出してみると、その盲点が見えてきます。書いてみることが大事です。
>
> **もっとも事故率の低い航空母艦の話：**
> 航空母艦の中でも、もっとも事故率の低い航空母艦では、ミスの報告が決して譴責されず、むしろ褒められるということです。つまりどんなミスでも、それが艦にどんな潜在的なダメージを与えるかわからないので、そうしたダメージの可能性を秘匿せず、正直に報告するという行為は、艦の安全を守る勇気ある行動とみなされるのです。
>
> 「学習の生態学」福島真人、東京大学出版会より

# 第4章

# トラブルから学ぶ配管技術

　配管装置に起きるトラブル事例を便宜的に4つの大きなグループに分け、事例数の多いグループはその中でさらにいくつかの小グループに分けました。1つの事例が2つ以上のグループに関係している場合は、筆者がその事例で言いたい所に関係するグループの方に入れました。
　トラブル事例は、筆者が経験したもの、インターネットや文献で報告されているもの、油断すると起きる可能性のあるものを含みます。

## 4-1 配管で生じるトラブルの原因

配管のトラブルは原因別に分類すると、おおよそ次のようになります。

### ① エンジニアリングに起因するもの

配管は流体を運ぶ装置ですが、設計の結果としての流体の流れが、時に設計の意図しなかった事象として現れます。過大な圧力損失、流れの乱れ・偏流、および重力流れや飽和水の流れにおける特有な問題が生じます。

配管内を流体が流れれば、流速や圧力の変動は避けられず、しばしば振動を起こし、また流速が弁操作などにより急変すれば、ウォータハンマが引き起こされます。

また、配管は圧力容器でもあるため、内圧、外圧(負圧)に対し強度的に安全でなければなりません。バルブなどの前後差圧が大きすぎても、小さすぎても(すなわち、背圧が大きすぎることになる)、問題が起きます。また、配管は流体の温度により伸縮しますが、両端が拘束されているため、熱膨張応力と配管反力が発生、これらに適切に対処する必要があります。配管は金属やプラスチックでできています。いずれも時間と熱、繰り返しなどにより、劣化して強度が落ち、また金属はさまざまな要因で腐食が進みます。

### ② 配置設計に起因するもの

配管は機器と機器をつなぐもので、多数の接続箇所がありますが、誤った箇所に接続したり、取合寸法が食い違うことが起こります。また、多数の配管を建屋という限られた空間に整然と配列しないと、使いにくく、誤操作をまねくような配管になってしまいます。

### ③ 配管付属品特有の機能に起因するもの

配管装置には、その機能を全うするために、さまざまなバルブ、ハンガ・サポート、そして伸縮管継手、ストレーナ、スチームトラップ、破裂板、などの配管スペシャルティが取り付きます。これらの機能や特徴をよく理解して配置しないとトラブルを起こします。

## ④-② 配管トラブルの代表事例

　第5章から第8章において、④-①で挙げたトラブルを具体的に1つ1つ、代表的事例をあげて説明します。

　各事例の構成は、「どのようなトラブルが起こるか？」「その原因は？」「その対処法は？」からなり、必要ある場合、その事例の関連知識を付記しています。

　トラブル事例の中には「そのトラブルの第1原因」「同第2原因」、「それがもたらす結果」などに複数のキーワードをもっているものがあります。たとえば「ストレーナ金網の破損」の場合、第5章エンジニアリング編で「ストレーナ内にできる流れの乱れ」➡「金網の振動」➡「金網の疲労破壊」、さらに、第8章配管コンポーネント編で「ストレーナ」、のようにいくつもの異なる分類に属するキーワードをもっています。このような場合、筆者がもっとも力点を置きたいキーワードの分類、この例の場合は第8章の配管スペシャルティに入れました。

　第5章から第8章まで、次のような事例が含まれています。

### 第5章　配管エンジニアリング編

| 分類 | 節 | 項 | トラブル名 |
|---|---|---|---|
| 圧力損失 | 1 | 1 | 圧力損失の関連で起きるトラブル |
| | | 2 | 圧力損失が大きすぎる、小さすぎる |
| | | 3 | ポンプ有効NPSH不足によるキャビテーション |
| | | 4 | 並列運転機器の流量アンバランス |
| | | 5 | 入口管の圧力損失による安全弁の不安定作動 |
| | | 6 | ヘッダの背圧が大きすぎる |
| 荷重・圧力・差圧 | 2 | 1 | ベントラインの閉塞 |
| | | 2 | 絞り弁前後の差圧が大きすぎる |
| | | 3 | 二次側が一次側圧力になる |
| | | 4 | 強度のみ考えて、たわみを考慮しない設計 |
| | | 5 | 伸縮管継手に生じる推力 |
| | | 6 | バルブの異常昇圧 |
| | | 7 | 管路の液封 |

| 分類 | 節 | 項 | トラブル名 |
|---|---|---|---|
| 流れの乱れと偏流 | 3 | 1 | 流れの偏流による不具合 |
| | | 2 | 合流部の配管形状により振動発生 |
| 重力流れ・飽和水の流れ | 4 | 1 | 気泡発生による流れの閉塞 |
| | | 2 | 重力流れにおけるベント不良 |
| | | 3 | 重力流れにおける水平管の位置 |
| | | 4 | 負圧のドレンラインにおけるUシールの破封 |
| | | 5 | サイホントラップの自己サイホン |
| 振動 | 5 | 1 | 配管振動はどんなトラブルか |
| | | 2 | フレキシビリティのありすぎる配管 |
| | | 3 | 圧力脈動による配管振動 |
| | | 4 | 気液二相流による配管振動 |
| | | 5 | 配管の機械的共振 |
| | | 6 | 励振源なしに共振する自励振動 |
| | | 7 | 弁の自励振動と配管の気柱共振 |
| | | 8 | カルマン渦によって起こる振動 |
| | | 9 | 振動によるナットのゆるみと脱落 |
| | | 10 | ポンプのサージングと配管系 |
| ウォータハンマ(水撃) | 6 | 1 | ウォータハンマはどんな原因で起こるか |
| | | 2 | バルブ急閉によるウォータハンマ |
| | | 3 | ポンプ起動によるウォータハンマ |
| | | 4 | ポンプ停止によるウォータハンマ |
| | | 5 | 蒸気凝縮によるウォータハンマ |
| | | 6 | 蒸気流駆動ハンマ |
| 熱膨張と相対変位 | 7 | 1 | 運転モードが複数ある系のフレキシビリティ評価 |
| | | 2 | 要注意、小径枝管の熱膨張 |
| | | 3 | フレキシブルメタルホースの経年後の干渉 |
| | | 4 | ボウイングという配管の変形 |
| | | 5 | 熱膨張差で起きるフランジ締結部の漏洩 |
| 劣化・疲労 | 8 | 1 | 急冷で起きる熱衝撃 |
| | | 2 | すみ肉溶接部の高サイクル疲労 |
| | | 3 | クリープ損傷による割れの発生 |

※

| 分類 | 節 | 項 | トラブル名 |
|---|---|---|---|
| 腐食・浸食 | 9 | 1 | 腐食にはどんなトラブルがあるか |
|  |  | 2 | 絞りの下流で起きるエロージョン |
|  |  | 3 | ポンプキャビテーションによるエロージョン |
|  |  | 4 | 流れ加速腐食（FAC）と減肉管理 |
|  |  | 5 | 同じ金属内の電位差で起こる孔食と隙間腐食 |
|  |  | 6 | 減肉が非常に速く進む異種金属接触腐食 |
|  |  | 7 | 電気防食によるチタンの水素脆化 |
|  |  | 8 | 高温高圧の水素雰囲気中における割れ |
|  |  | 9 | 溶接残留応力が影響する応力腐食割れ（SCC） |
|  |  | 10 | 溶接二番に発生する粒界腐食 |
|  |  | 11 | 埋設管で起きるマクロセル腐食 |
|  |  | 12 | 保温材の下で起きる配管外部腐食（CUI） |

### 第6章　配管接続・配管配置編

| 分類 | 節 | 項 | トラブル名 |
|---|---|---|---|
| 配管接続 | 1 | 1 | 相フランジとのボルト穴が不一致 |
|  |  | 2 | 取合い部における突合せ溶接開先の不一致 |
|  |  | 3 | 配管を誤った機器ノズルに接続 |
| 配管配置 | 2 | 1 | 他の配管と干渉して勾配配管が通せない |
|  |  | 2 | 床スリーブのために配管の現場溶接ができない |
|  |  | 3 | 防災上安全でない配管 |

### 第7章　調達・製造・据付編

| 分類 | 節 | 項 | トラブル名 |
|---|---|---|---|
| 調達・製造・据付 | 1 | 1 | ブラックボックスと暗黙の了解という落とし穴 |
|  |  | 2 | 年度ごとに改訂される基準類 |
|  |  | 3 | 溶接すれば部材は変形する |
|  |  | 4 | 溶接施工法確認試験記録がないと溶接できない |
|  |  | 5 | フランジはもっとも漏れやすい箇所 |
|  |  | 6 | アスベストフリージョイントシートは熱で硬化する |

## 第8章　配管コンポーネント編

| 分類 | 節 | 項 | トラブル名 |
|---|---|---|---|
| バルブ | 1 | 1 | 仕切弁で起こるトラブル |
| | | 2 | スイング逆止弁で起こるトラブル |
| | | 3 | バルブにもっとも多いシートリーク |
| | | 4 | 弁体回転による弁体脱落 |
| | | 5 | 流れ方向のあるバルブ |
| | | 6 | 仕切弁、ボール弁の中間開度での使用 |
| | | 7 | 絞り弁のオーバーサイジング |
| | | 8 | 逆止弁のチャタリング、フラッタリング |
| | | 9 | ラバーライナ付フランジレスバタ弁とガスケット |
| | | 10 | 倒立姿勢のバルブ |
| 配管スペシャルティ | 2 | 1 | ストレーナ金網の振動による疲労破壊 |
| | | 2 | 伸縮管継手ベローズの振動 |
| | | 3 | 内圧による伸縮管継手ベローズの座屈 |
| | | 4 | 芯のずれた二組の伸縮管継手 |
| | | 5 | スチームトラップのベーパーロック |
| | | 6 | スチームトラップの不適切なタイプ選定 |
| | | 7 | 破裂板では設置場所の運転温度が大事 |
| | | 8 | 流量計前後の直管長さが不足 |
| | | 9 | 圧力導管を取り出す方向 |
| | | 10 | P&IDと異なる温度計位置 |
| ハンガ・サポート | 3 | 1 | ハンガ形式選定とポンプ、機器への転移荷重 |
| | | 2 | サポート固定金具の外し忘れ |
| | | 3 | レストレイントに要求される最小強度 |
| | | 4 | ハンガーロッドねじ部に曲げモーメント |

# 第5章

# トラブル事例 配管エンジニアリング編

　エンジニアリング編のトラブル事例は、水力学、材料力学、機械力学、電気化学、などの工学から、原因や対策が説明できるものが主体で、配管技術中核のエンジニアリング業務と関係しています。そして本編に属するトラブル事例の件数が最も多いため、8つの小グループに分けました。

# 1 圧力損失

## 1 圧力損失の関連で起きるトラブル

### ❌ どんなトラブルか

　管路の圧力損失（流体が液体の場合は損失水頭ともいう）が大きすぎると、計画流量を流せなかったり、2次側の必要圧力が不足したりします。逆に実際の圧力損失が見込みより小さいと、計画流量にするため弁開度を絞るので、振動やエロージョンが発生することがあります。

#### ① 圧力損失が大きくなり過ぎる要因

　圧力損失（損失水頭$h_L$）を計算するのに使う、ダルシーの式からわかるように、圧力損失が大きくなる要因は表5-1のようになります。

表5-1　圧力損失が大きくなり過ぎる主な要因

| ダルシーの式 | | |
|---|---|---|
| $h_L = f \dfrac{L}{D} \dfrac{V^2}{2g}$<br><br>$= K \dfrac{V^2}{2g}$ | 実際の流速$V$が計画より速い（流速の2乗で利く）。 | |
| | 計画より実際の管路$L$が長く、管継手・バルブの数が多い。 | |
| | 実際の口径$D$が計画サイズより細くなった。 | |
| | 抵抗の大きい玉形弁、リフトチェック弁を使用。 | 実際の$K$が計画より大きい。 |
| | 管継手・弁の抵抗係数$K$を過小評価した。 | |
| | 実際の温度が計画より低い（油系では温度が低いと粘度が非常に高くなる）。 | 実際の管摩擦係数$f$が計画より大きい。 |
| | 管や管継手が古い（管内表面が凸凹）。 | |
| 臨界圧力に達し、圧力差を増やしても流量が増えない（圧縮性流体）。 | | |

② **圧力損失が過小となる要因**

表5-2のような原因が考えられます。

表5-2　圧力損失が小さくなり過ぎる要因

| |
|---|
| 圧力損失が多めにでる計算式（一般に経験式は多めに出る）を使った。 |
| 計算で求めた圧力損失に余裕を上乗せしすぎた。 |

注：流量が計画値より多めになっても支障のないケースや、流量が多めの方がよいケースの場合、たとえば消火用水量などは多めに出る計算式を使ったり、計算値に多めの余裕を加えることは妥当です。

# 2　圧力損失が大きすぎる、小さすぎる

### ✗ どんなトラブルか

【例1】 圧力損失が過大となる例。サイズ2Bの比較的長いエゼクタ蒸気配管を運転したところ、調節弁が全開してもエゼクタ入口の蒸気圧力が所要の圧力に達しなかった。

【例2】 流量過大となる例。内径1500mmの冷却水管を運転すると、必要な冷却水量以上の流量が流れるため、熱交換器出口のバタフライ弁をさらに絞って運転したところ、バルブに振動がでた。

### ❓ その原因は

管路の流れは、流れの抵抗とポンプの揚程が等しくなる図5-1の全揚程曲線と管路の抵抗曲線が交わる点の流量が流れます。

図5-1の計画流量時の抵抗曲線OAに対し、曲線OBが実際の適切な

# 1 圧力損失

抵抗曲線で、BからAへ若干バルブを絞ることで計画流量が流せます。
上記のトラブル例は図5-1を使い、次のように説明できます。

【例1】 蒸気配管の計画時において圧力損失を過小評価した。つまり計画用抵抗曲線OAに対し、調節用バルブを全開しても実際の抵抗曲線はODとなり、流量不足をきたした。原因としては、バルブ、管のサイジングミス、その他、管路が長すぎたり、弁や管継手の数が多すぎたりしたことが考えられる。

【例2】 冷却水管の計画時に圧力損失を過大評価した。つまり抵抗曲線OAに対し、実際の抵抗曲線はOCとなり、過大流量になった。経験式を使って損失水頭を出すと、一般に実際の損失水頭より多めに出る傾向があり、それに損失水頭に余裕をとりすぎると、このようなことが起こる可能性がある。CからAにもっていくために、バルブの絞りが大きくなりすぎると、弁前後の差圧大と弁下流の流れの乱れにより、弁および弁付近に振動が発生、またキャビテーションが生じるようになる。

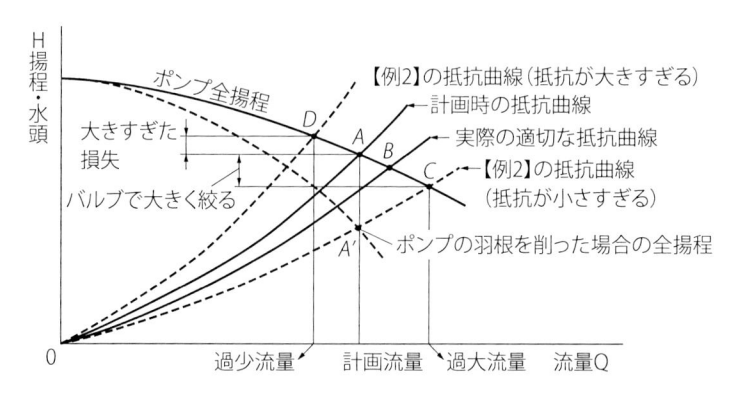

**図5-1 圧力損失過大、過小で起きる現象と対策**

## ❗ その対処法

　管路の計画流量を確保する際、次の２つのケースが考えられます。
　１つは、流量不足になるのは困るが、流量が多すぎるのは問題ないという場合で、このような場合は必要な最小流量を、より確実に確保するため、計算圧力損失に少し多めの余裕を付けて、ポンプ―配管系を計画しても問題にはならないでしょう。ただし、流れすぎによりポンプモータが過負荷にならないようにしなければなりません。
　もう１つのケースは、ここに挙げた【例２】のようにほぼ計画流量で流さないと、システムに弊害が出る可能性のある場合（たとえば、復水器内の真空度が上がりすぎる）、調節弁またはそれに代わるバルブで計画流量になるよう調整する管路系の場合です。流量が多く流れすぎる場合は、バルブを絞ることになりますが、バルブを絞りすぎる（たとえば、バルブ開度30％以下など）と、振動、騒音、エロージョン、そして、エネルギーロスが大きくなるなどの問題が出ます。したがって、このような場合は計画時における圧力損失に付ける余裕は必要最小限の程度とします。調節用の弁は開度60〜70％程度で計画流量が流せるサイズを選びます（調節弁のサイジング担当は配管設計部門以外のことが多い）。
　【例１】の対策として、配管と調節弁を３Ｂに変更し、圧力損失を低減させました。
　【例２】の対策として、調節用弁の下流に絞りの一部を負担させる減圧オリフィスを設けるか、ポンプの羽根の外周を削って、全揚程を下げる方法とがあります。前者は、絞りはエネルギーロスとなり、オリフィス下流において絞りによるエロージョンの発生も懸念され、可能であれば後者の対策が好ましいでしょう。

> **山椒の実**
> 設計は、失敗の予測と回避を含んだプロセスなので、設計者が失敗について多くの知識をもつほど、彼らの設計はそれだけ信頼できるものになる。
> ヘンリー・ペトロスキー著「橋はなぜ落ちたのか」朝日選書より

# 1 圧力損失

## 第5章 3 ポンプ有効NPSH不足によるキャビテーション

### ❌ どんなトラブルか

図5-2のようなタンクからタンクへ水を移送するポンプ―配管系において、ポンプ1台運転ではA、Bともに問題ありませんでしたが、ポンプを2台運転すると、ポンプでキャビテーションが起きました。

### ❓ その原因は

ポンプ吸込み管はその大部分を1本の本管で配管され、ポンプ近くで、ポンプA向けとB向けに分岐されています（図5-2）。2台同時運転では2台分の流量がこの本管を流れ、その損失水頭は1台運転時の約4倍となります。これにA、Bポンプへの支管を合わせた損失水頭失により、ポンプ羽根車入口付近の圧力最低部における静圧が、流体の飽和蒸気圧を割り込み、キャビテーションを起こしたものです。

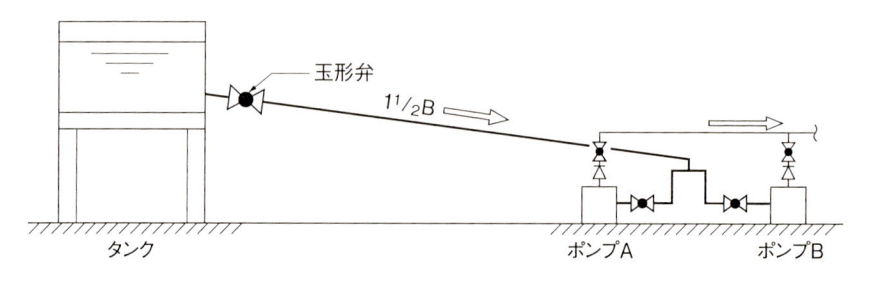

**図5-2 2台運転時にポンプがキャビテーション**

### ❗ その対処法

2台運転時にも有効NPSH（NPSHAと略す）が、必要NPSH（NPSHRと略す）を上回るようにする必要があります。NPSHRはポンプ内部の損失水頭と速度水頭の和で、ポンプ側で決められるので、配管設計者としてはNPSHAを大きくすることを考えます。それには、ポンプ吸込管の

図5-3　NPSHAとNPSHRの関係

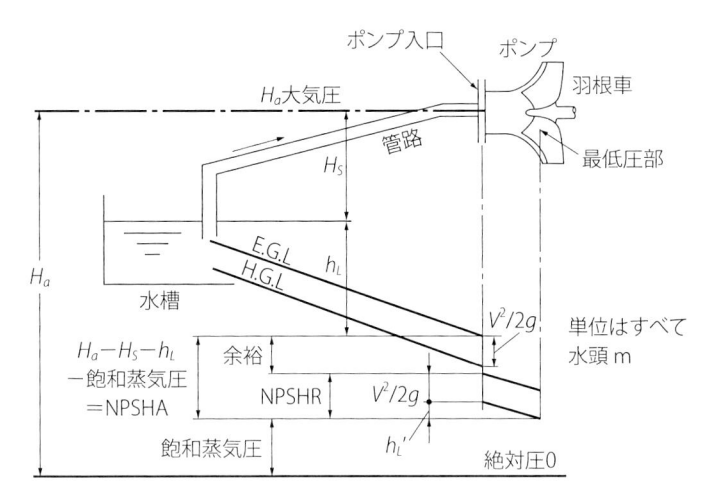

E.G.L：エネルギー勾配線
H.G.L：水力勾配線
$H_a$：大気圧に相当する水頭
$H_s$：(羽根車センターレベル－吸込み水槽水面レベル)
$h_L$：吸込み管損失水頭
$h'_L$：ポンプ内の損失水頭
$V$：ポンプ入口平均流速
$g$：重力の加速度

損失水頭を小さくする、または押込水頭を大きくすることができないかなどを考えます。前者は管口径を太くすること、バルブを損失の少ないボール弁が使えないかなどを検討します。

後者は吸込みタンクの水位を上げられないか、ポンプ羽根車センターのEL（エレベーション）を下げられないか検討します。NPSHAとNPSHRの関係を図5-3に示します（本例と違い、水槽水面レベルがポンプ羽根車センタより低い場合を示しています）。

> 注：JISでは、NPSHRの代わりにNPSH3が使われ、JIS B 8301において、第一段目の全揚程が3％低下する時の必要有効吸込ヘッドとして定義されています。
> ポンプキャビテーションを腐食・浸食の観点からみたトラブルは第5章9 3を参照願います。

# 1 圧力損失

## 第5章
## 4 並列運転機器の流量アンバランス

### ✗ どんなトラブルか

1台のポンプを使って、A槽、B槽に連続的に等量の薬品を送り込みたかったのですが、図5-4①のような配管にしたところ、A槽の方の流量が多くなりすぎました。

### ? その原因は

配管がA槽とB槽に分かれる分岐点直前のCから、系統Aと系統Bの合流点直後のDまでの配管の、各系統の抵抗係数を$K_A$、$K_B$とすれば、ダルシーの式（本章11 参照）よりA槽側、B槽側の各流速は、

$$V_A = \sqrt{2gh_{LA}/K_A}、V_B = \sqrt{2gh_{LB}/K_B} \quad \cdots\cdots(1)$$

で表されます。

並列回路ですから、各系統の損失水頭は$h_{LA} = h_{LB}$です。

また、両系統の曲がりの数は同じですが、B系統の配管が長いので、抵抗係数は$K_B > K_A$です。したがって、（1）式は$V_A > V_B$となり、管口径が同じとすれば、A槽の流量＞B槽の流量となります。

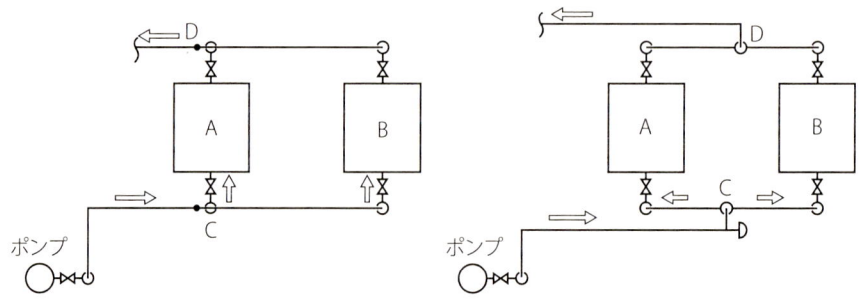

① A, Bの流量が等しくない配管 　→　 ② A, Bの流量がほぼ等しくなる配管

図5-4　2つの槽への流量を等しくする配管形状

## ❗ その対処法

　A系統とB系統の流量が等しくなるためには、
　　①：分岐点から合流点までの各系列の抵抗係数が、$K_A = K_B$ となる
　　②：分岐上流で偏流を起こさせない

ことです。①の $K_A = K_B$ とする簡単な方法は、分岐から合流まで配管形状を、図5-4②のような左右対称にすることです。配置的に左右対称の配管ができない場合はA系統の方の弁を少し絞って、圧力損失を与えるか、A系統の方に減圧オリフィスを入れるなどして、$K_A = K_B$ になるように調整します。この場合、流れに絞りを与えるので、省エネルギー的には、左右対称の場合より劣ります。

　②の分岐上流の偏流による流量配分の不均等は、分岐前に**図5-5**①のようなエルボがあると、エルボによる偏流が分岐点に及び、Bの方が流量が多くなります。そこで、図5-5②のように、分岐手前の曲がりにキャップをつけたTを使うと、キャップに当たって流れが反転することにより、偏流のパターンが崩れ、管断面にわたり比較的流速が平均化され、分岐後の流れも比較的流量差がなくなると考えられます。

　図5-4②に戻って、分岐C手前の曲がりはキャップ付きTを使って、分岐点での偏流を緩和しています。

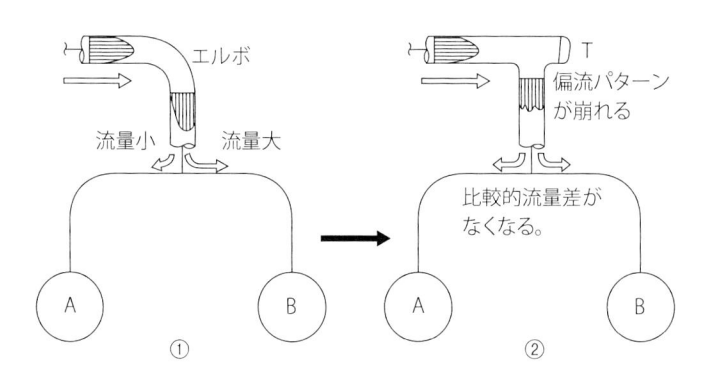

図5-5　分岐前のエルボが偏流を作る場合とその対策

# 1 圧力損失

## 第5章
## 5 入口管の圧力損失による安全弁の不安定作動

### ✗ どんなトラブルか

　安全弁が吹いたと思うとすぐ閉まり、またすぐ吹く、これを繰り返し、その繰り返しのたびごとに大きな音と振動を発する。

### ？ その原因は

　このような現象を「ハンチング」といい、その原因の1つに「安全弁入口管」の圧力損失が大きすぎることがあります。「安全弁入口管」は、母管または容器から分岐した後、安全弁入口までの安全弁専用の管です。安全弁入口圧力が安全弁設定圧力に達し、安全弁が吹くと、入口管を高速蒸気が通ることで圧力損失を生じ、安全弁入口圧力が下がります。管が細すぎたり、長すぎたりして、圧力損失が吹下がり（注）よりも大きくなると弁は閉まります。すると流れがなくなり、圧力損失もなくなり、弁が開き始めた時の状態に戻るので、再び弁が開きます。これを繰り返すのがハンチング（図5-6）で、弁体が弁座を叩くので弁座を損傷し、衝撃や振動により安全弁および周辺配管に不具合を生じます。
（本項は文献⑱を参考にしました。）

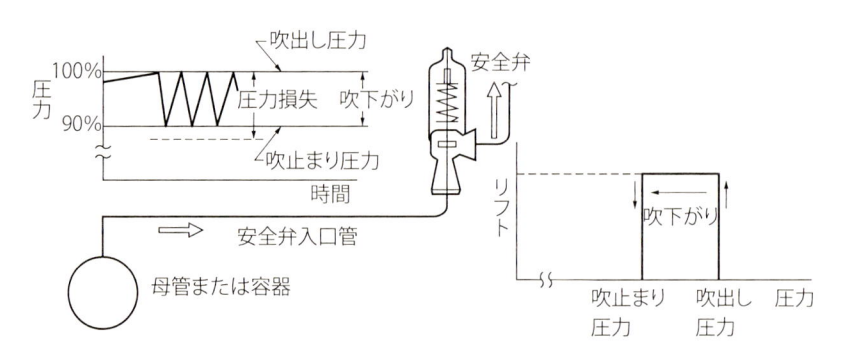

図5-6　安全弁のハンチング

## ❗ その対処法

対策として、①吹下がりを適切に大きくする、②入口管の圧力損失を小さくする（ISOでは、圧力損失をMin〔0.03×設定圧力、吹下がりの1/3〕としている）方法があります。

> 注：吹止まり圧力：吹出しにより器内圧力が下がり、バルブが閉じる圧力。
> 吹下がり：設定圧力と吹止まり圧力の差。設定圧力との比で表します。JISでその最大値が決められています。吹下がりを小さくすると、ハンチングを起こしやすくなります。

### 関連知識

**安全弁出口管の圧力損失大による吹出し量不足と弁体のフラッタ**

安全弁は背圧が上がると、実際流量（吹出し量）が減少し、また、弁全開付近で弁体の開度が揺動するフラッタという現象（図5-7）を起こすことがあるので、安全弁出口管（排気管）についても圧力損失を小さくする必要があります（圧力損失をどこまで許せるかは、安全弁や流体の種類などより変わりますが、たとえば設定圧力の10％以下）。すなわち、出口管内径は安全弁内径以上で、かつ単独配管とし、最短かつ曲がりの少ない配管とします。止むを得ず複数の安全弁の出口管を集合させ、1本のヘッダでもっていく場合、合流部は45°のラテラルとし、ヘッダの断面積は各出口管の総断面積より大きくします。フラッタ現象は、背圧が上がると弁体が若干押し下げられ、流量が減るので圧力損失が減り、背圧が下がり、弁体が少しもち上げられて流量が増える―これを繰り返すことにより、吹出し圧力近くの圧力変動と、弁体の上下振動を起こすことをいいます。この現象が起きたら調節部の調整を必要とします。

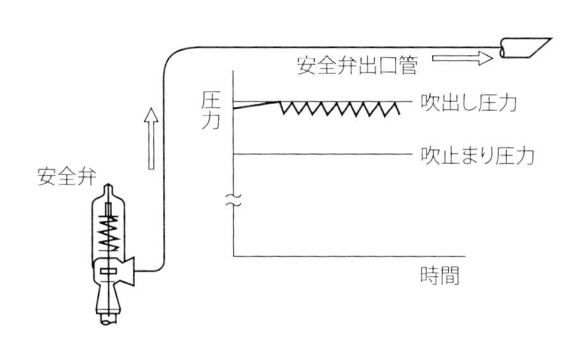

**図5-7　安全弁のフラッタ**

# 1 圧力損失

## 第5章
## 6 ヘッダの背圧が大きすぎる

### ✗ どんなトラブルか

【例1】 複数の蒸気使用機器で凝縮したドレンを各スチームトラップ、ヘッダ（管寄せ）を経て、フラッシュタンクに導く系統において、何台かのトラップが容量不足でドレンをはけ切れなかった（図5-8参照）。

【例2】 さまざまな圧力の機器ドレンがヘッダに接続され、より低圧の容器に回収されている。ドレンが容器に回収されている時、ドレン管の1本でヘッダから機器へドレンの逆流が生じた（図5-9参照）。

### ? その原因は

【例1】 スチームトラップの流量はトラップ前後の差圧の平方根に比例する。トラップを出たドレンは2次側圧力が1次側より低いため、ある程度の量がフラッシュし、流速が速くなる。

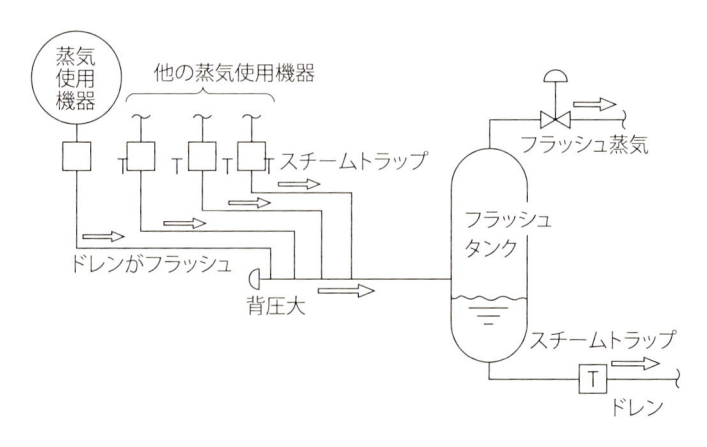

図5-8　トラップの背圧に注意

そのため２次側配管が細かったり、長かったりすると圧力損失により背圧が増加し、一次側と二次側の差圧が減り、トラップの処理能力（排出量）が落ちてしまう。

【例２】 各機器のドレンがタイミング的にほぼ同時に発生し、その量が相当量ある時、ヘッダ内でフラッシュし、かつ回収容器までのヘッダ長さが比較的長いなどの条件が揃うと、ヘッダの背圧が上がり、機器出口圧力がヘッダ入口圧力より低くなるドレンラインも現れ、ヘッダから機器出口へドレンが逆流することがある。ドレンの逆流で問題になるのは、逆流した機器内部が高温の場合、ヘッダからの冷たい逆流ドレンにより急冷され、熱衝撃（割れに発展）、変形などを生じる時である（本章８１の関連知識参照）。

## その対処法

【例１】 スチームトラップのサイズ(口径)は、メーカがトラップ形式ごとに準備している、横軸に「前後差圧」、縦軸に「処理能力」をとった「トラップ前後差圧vs処理能力」チャート上で、与えられた前後差圧と必要とする処理能力の交点にあるトラップサイズを読みとる。

その際、「前後差圧」と「処理能力」は次のようにして求

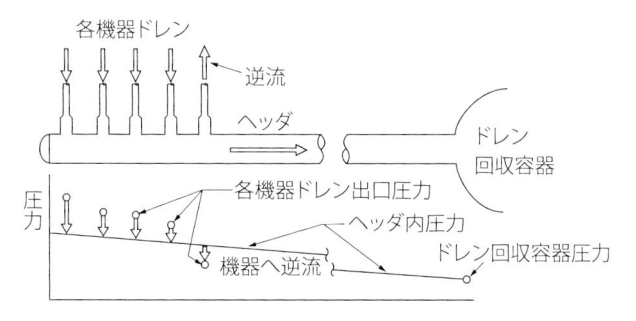

**図5-9　ドレンヘッダからの逆流**

# 1 圧力損失

めた値を使う。「前後差圧」は、トラップ2次側のフラッシュ量を計算し、流量体積から流速、圧力損失に辺りをつけ、予測した背圧をベースに算出したトラップ前後の差圧を使う。また、チャートの「処理能力」はトラップが連続的に開いている時の能力なので、間欠作動するトラップ形式では、トラップ形式別に定められた「安全率」で連続処理能力を割った「実際のトラップ処理能力」を使う（参考文献：⑨）。

【例2】 ドレンの逆流には次の対策をとると効果がある。
　①同じヘッダに接続する機器ドレン出口の圧力レベルは同程度に揃える。
　②ヘッダの背圧が上がらないようにするため、多数のドレン管を1つのヘッダに接続しないようにする。
　③ヘッダは口径を大きく、曲がりを少なく、最短でドレン回収容器に接続する。

---

**山椒の実**

"Those who risk, win."
第2次世界大戦、英国空軍特殊部隊のモットー。
「リスクを冒す者が勝利する」
キャメロン・クローン監督の映画、「エリザベスタウン」(2005年)は、大失敗した男の物語。そのラストシーンはこのフレーズで終わる。

# 2 荷重・圧力・差圧

## 1 ベントラインの閉塞

### ❌ どんなトラブルか

温泉井戸からポンプで汲み上げた湯を、湯に混じっている可燃性の温泉ガスを温泉槽で分離し、湯は浴槽へ送り、ガスはベント管で屋外へ廃棄する施設がありました。開業まもなく、この施設で室内に漏れ出た可燃性ガスに引火して爆発する事故が起きました（本件は事実を参考にしていますが、事実とまったく同じではありません）。

### ❓ その原因は

爆発が起きた時の状況を図5-10に示します。ガスを屋外へ廃棄するベント管にレイアウト上ドレンポケットができるので、底部にドレン弁が設けられました。しかし、図のようにドレン弁が閉まっていたため、

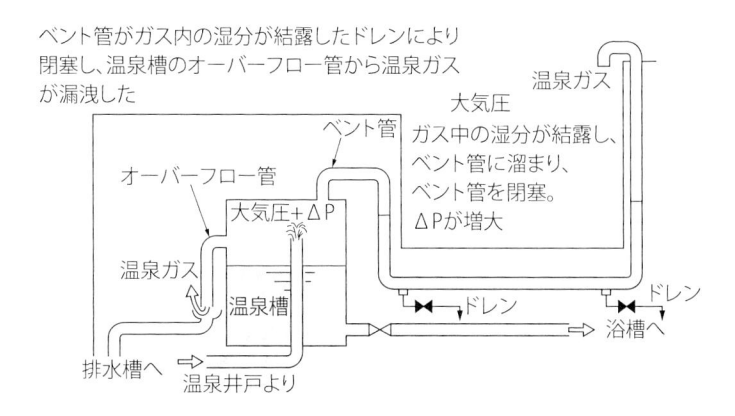

図5-10 温泉槽ベント管のドレン弁が閉まっている場合

# 2 荷重・圧力・差圧

第5章

ガス中の湿分が結露してドレンとなり、ポケットにたまりベント管を閉塞しました。温泉槽には湯の水位が上がりすぎた時、余った湯を排水槽へ逃がすオーバーフロー管が設けられていました。行き場のないガスはこのオーバーフロー管から室内に吹き出しました。たまたま室内の換気扇は稼働していなかったためガス濃度が濃くなり、スイッチの電気火花で爆発しました。

## ⚠ その対処法

このような場合、ベント管のドレンポケットは禁物ですが、避けられない場合は、図5-11のようにドレンポケット部は常時ドレンを排出し、かつ、ドレン管にUシールを設けて、ガスが外部へ洩れないようにするか、あるいは気体を逃がさず、ドレンのみ逃がすエアトラップを使用します。エアトラップの頂部にはガスを逃がすバランス管を設け、その先をベント管に上からつなぎ、エアトラップがガスで閉塞され、ドレンが入ってこなくなることを防ぎます。Uシールは底部に垢などが溜まり、また、トラップ類は故障することもあるので、いずれも定期的な点検が必要です。

なお、2008年5月28日、このような温泉ガスによる爆発を防ぐため、温泉法施行規則が改正・公布されています。

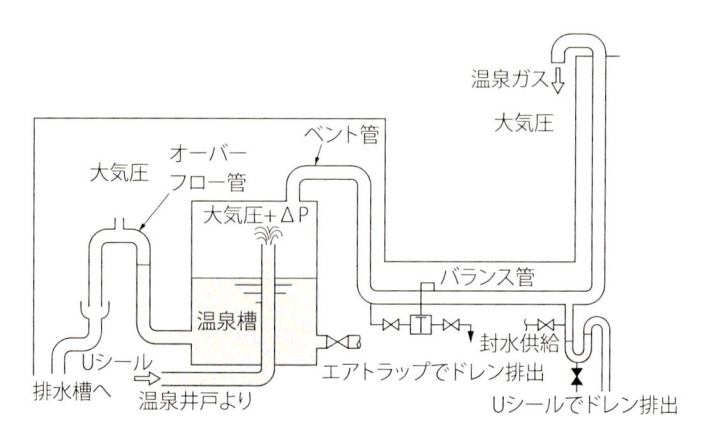

図5-11　ベント管とオーバーフロー管の改良案

### 関連知識

エアトラップ（**図5-12**）は空気配管からの凝縮水の排除を目的としたトラップです。原理は、水と空気の密度差に基づく浮力の差を利用します。構造はスチームトラップに似ていますが、同じ気体である蒸気と空気を識別する機能はいりません。

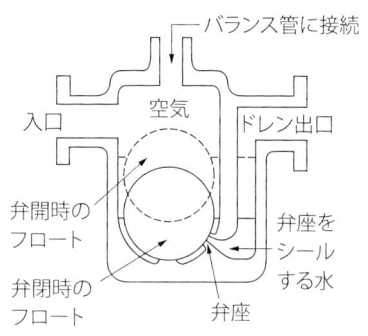

**図5-12 エアトラップ**

## 2 絞り弁前後の差圧が大きすぎる

### ❌ どんなトラブルか

常温の圧力1.5MPaの水ラインから分岐して大気圧に落とすラインの流量調整用に玉形弁（パラボリックタイプ）を使用したところ、バルブ前後の差圧が大きすぎてバルブが激しく振動しました。

### ❓ その原因は

玉形弁やアングル弁を1MPa程度以上の差圧で使用すると、バルブ、配管の振動、弁体の回転による弁体、弁棒の損傷、また流れの乱れにより弁箱、弁体のエロージョンを起こしやすくなります（**図5-13**）。

067

## 2 荷重・圧力・差圧

第5章

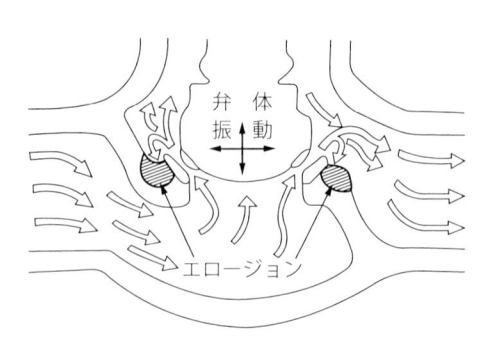

図5-13　差圧の大きな玉形弁

### ! その対処法

　バルブの上流・下流間に目安として0.5MPa以上の差圧がある場合は、バルブ下流に減圧オリフィスを置いて、差圧を分散するなどの方策を採ることが推奨されます。

　バルブ下流に入れる減圧用オリフィスもまた、差圧が大きすぎて、単段では振動やキャビテーションが激しくなると予想される場合は、多段オリフィスにして圧力差を分散します（**図5-14**参照）。

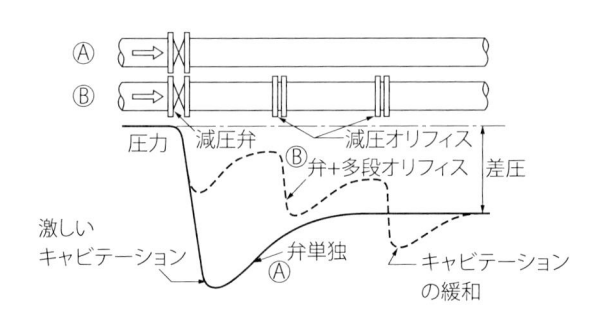

図5-14　弁単独と多段減圧オリフィスを入れた場合の比較

# 3 2次側が1次側圧力になる

## ❌ どんなトラブルか

　熱交換器Aの点検のため、熱交換器加熱蒸気管の減圧弁前後弁とバイパス弁および熱交換器出口弁を全閉とし、熱交換器Aを隔離しました。ところがしばらくして、熱交換器の圧力が上昇していることが発見されました（図5-15参照）。

## ❓ その原因は

　原因は減圧弁のバイパス弁にわずかな漏洩があり、さらに熱交換器出口はバルブで塞がれ、蒸気が逃げ場のない状態になったため、圧力が上昇しました。本例のように圧力の境界となる弁に漏洩があり、2次側が閉塞状態にあると、2次側圧力も1次側圧力と同じになってしまいます。

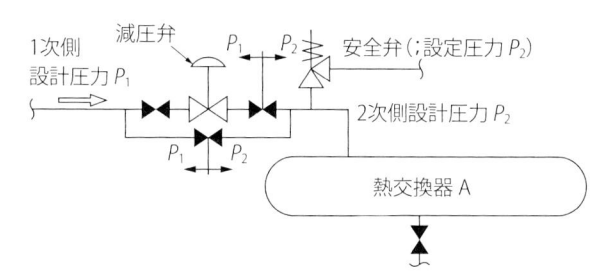

**図5-15　減圧弁下流の安全弁**

## ❗ その対処法

　隔離弁2次側の設計圧力$P_2$が1次側設計圧力$P_1$より低く設定されている場合に、隔離弁の漏洩があると2次側圧力が上がる可能性のある時は、2次側に、低い2次側圧力$P_2$で吹き出す安全弁を設けるか、あるいは低圧側配管・機器の設計圧力を上流側設計圧力$P_1$に合わせる必要があります。

## 2 荷重・圧力・差圧

第5章

　また、安全弁は減圧弁にできるだけ近く設置する必要があります。その吹出し容量は、仮に減圧弁が全く閉まらないとして、低圧側の設計圧力$P_2$を超えない容量とします。

# 4 強度のみ考えて、たわみを考慮しない設計

### ✕ どんなトラブルか

　配管熱膨張によるポンプノズルに及ぼす配管反力が、ポンプ許容値を超えているので、ポンプ手前にポンプを保護するためのレストレイントを設けましたが、剛性が不十分で、配管反力を受けて多少たわんだため、配管反力がポンプに及び、効果がありませんでした。

### ❓ その原因は

　荷重により壊れなければ、あるいは発生応力が許容応力を超えなければよし、とする設計は非常に多い。内圧に対する配管コンポーネント、荷重を受けるハンガ・サポート、配管熱膨張応力などが該当します。
　しかし、強度を満足させるとともに、たわみの許容値も満足させる必要のある設計も少なからずあります。たとえば配管のサポートスパン、機器保護のためのレストレイント、そして管フランジなどです。
　いつも、強度さえもてばよいという設計をすると、変形に対する制限があるのを見落とすことによるトラブルを起こします。配管の伸びを制限する目的だけの、多少のたわみを許してもよいレストレイントであれば、配管反力に対する強度をレストレイントにもたせればよいのですが、事例のように配管の伸びによる反力からポンプを保護する目的のレストレイントの場合は、レストレイントの強度に問題がなくても、レストレ

イントがたわめば、そのたわみ量分の力がポンプにかかってしまい、それがポンプの許容反力を超えることは十分考えられます。

### ❗ その対処法

強度設計をする時、もしも変位が大きかったら、どんなことが起きるだろうか──と自問してみる必要があります。先にあげたポンプ保護のレストレイント、サポートスパン、そしてフランジの例で説明します。

#### ① **ポンプ保護のためのレストレイント**

運転時の熱膨張による、ポンプに及ぼす配管反力が配管に許される許容荷重より大きい場合、ポンプ手前にポンプの肩代わりとして、配管反力を受けるレストレイントを設ける必要があります。この場合、レストレイントが反力により壊れないことはもちろんのことですが、レストレイントがポンプの手前で配管からの荷重を阻止する役割を果たすためには、レストレイントがポンプの方へたわんではなりません。もちろん、たわみを0にすることはできませんが、極力小さくすることが必要です。たとえば、計算応力が通常の許容応力の半分以下の応力になるように設計するなどの考慮が必要です。

#### ② **サポートスパン**

配管と流体の重量を支えるサポートスパンを決める2つの条件は、強度の観点より「パイプに生じる曲げ応力が許容応力以内のこと」と、たわみの観点より「管内に溜まるドレンが運転に支障のないたわみ以下に

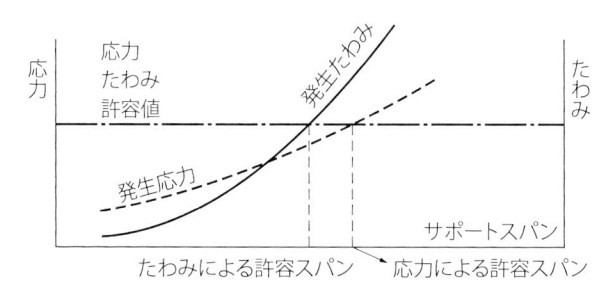

**図5-16　ハンガサポート許容スパンを決める概念図**

## 2 荷重・圧力・差圧

第5章

あること」の2つであり、後者の条件の方が厳しくなる、すなわちサポートスパンがより短くなる場合が多い（図5-16参照）。

### ③ フランジの設計

フランジというボルト締結による耐圧部品は、ガスケットを介した接合部を有しており、シール性はその接合部の面圧の大きさにかかっています。すなわち、フランジは、組立時にガスケットがフランジ接触面に馴染むための「初期ボルト締付け荷重」と運転時に内圧がかかった時、必要ガスケット面圧が確保できる「運転時ボルト締め付け荷重」が必要であり、これらボルト締め付け荷重下において、フランジ各部の応力が許容応力内に入ることを要求されています。

# 5 伸縮管継手に生じる推力

### ❌ どんなトラブルか

メカニカルジョイントで接合されたダクタイル鋳鉄管の据付けが終わり、埋設前に水圧試験を行ったが、内圧により生じる推力を受ける措置が充分でなかったため、メカニカルジョイントがすっぽ抜けてしまった。

### ❓ その原因は

外圧（ここでは大気圧とする）より大きな内圧をもった配管の壁には内圧と外圧の差圧が外側へ推し出すように作用します。図5-17の左上の図のように、管軸方向のこの力を推力といいます（エンドフォースともいう）。その壁の反対側に相対している壁にも同じ大きさで、向きが逆の推力が作用しています。2つの壁に、反対方向の同じ大きさの推力が働くので、2つの壁が剛体の管で繋っている場合は、剛体に引張の内力（応力といって

もよい）が生じ、2つの力は互いに打ち消すので外力を発生しません。

しかし、剛体の部分に熱膨張などを逃がすため、伸び縮みできるゴムやベローズのような「伸縮管継手」あるいはメカニカルジョイントが入っていると、この部分は推力を支える剛性をもっていないので、ベローズの場合はベローズが塑性変形域まで伸び、元へ戻らなくなり（さらに進めば破壊される）（図5-17の左中央の図）、メカニカルジョイントの場合は、ジョイントがすっぽ抜けます。

その推力の大きさは（推力を考える断面の内断面積×差圧）で計算できます。ベローズ式伸縮管継手に生じる推力 $F$ は、図5-17（右）において、$F=\dfrac{\pi D_m^2}{4}P$ で計算できます。$D_m$ はベローズの平均直径です。

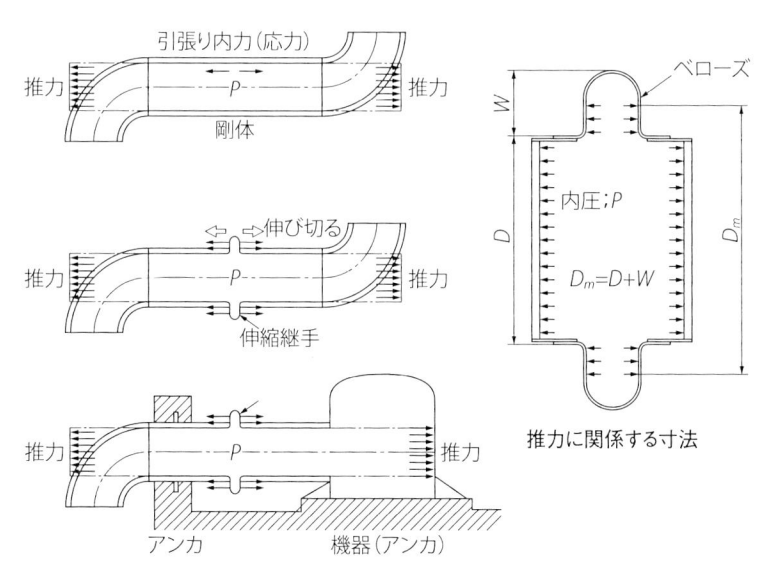

図5-17　推力の発生とベローズに発生する推力

# 2 荷重・圧力・差圧

第5章

## ❗ その対処法

　伸縮管継手を推力から防護する方法として、次のような方法があります。(**図5-18**参照)。

① ベローズを挟んで伸縮管継手両端の間にわたすタイロッドに推力を持たせる方法：適用例、ユニバーサルジョイント。

② タイロッドと圧力をバランスさせるためのベローズを組み合わせて、圧力をバランスさせる方法：適用例、圧力バランス形。

③ 回転ピンとヒンジで持たせる方法：適用例、ヒンジ形、ジンバル形

④ 溝や突起状のものに推力を持たせる方法：適用例、推力防護装置付メカニカルジョイント、ハウジング形伸縮管継手。

⑤ 外部に設けたアンカによる方法。

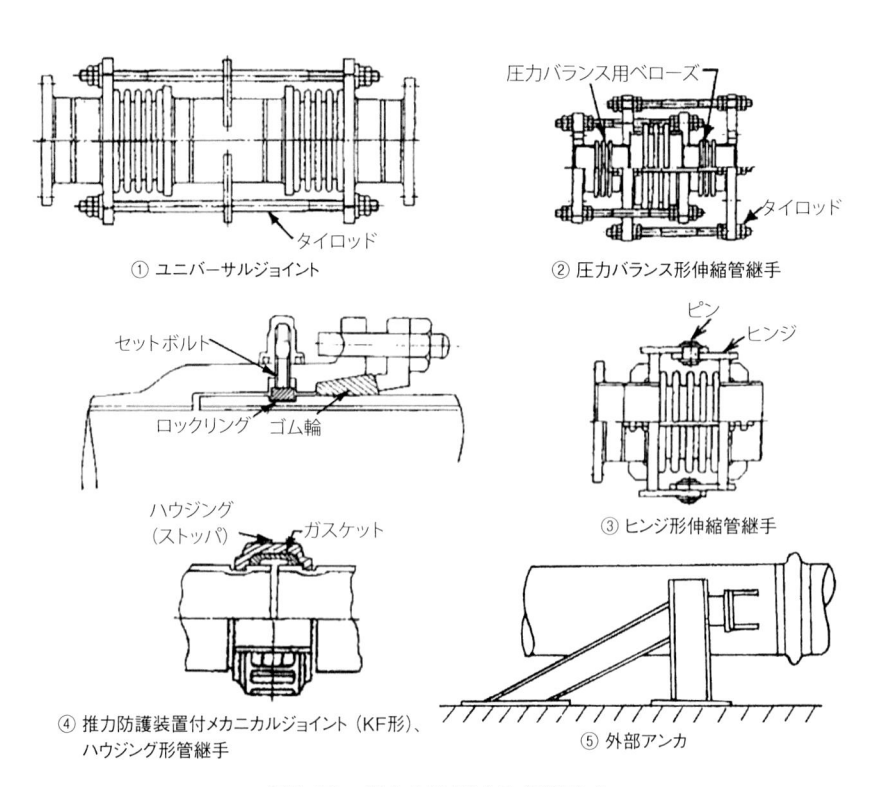

**図5-18　推力を防護する各種形式**

トラブル事例／配管エンジニアリング編

# 6 バルブの異常昇圧

## ❌ どんなトラブルか

　停止していたプラントの起動に際し、高圧高温の2系列ある給水加熱器群のうち、まず、1系列のみ運転しました。その後しばらくしてから、もう1系列を起動しようと、給水加熱器入口弁（フレキシブルゲート）を開けようとしましたが、固くて開けることができませんでした。

## ❓ その原因は

　原因は弁箱の密閉空間に閉じ込められた液体が、近くの加熱体（本例では運転している方の系列の管）からの伝熱や輻射などにより、温度上昇し、体積膨張することで、内圧が異常な高圧になったためです。これを「バルブの異常昇圧」といいます。

　バルブの異常昇圧は、ハンドルが回らない、ガスケットやグランドパッキンからの漏洩、さらには弁箱や弁ふたの変形、ボール弁では軟質の弁座が外へ押し出される、などの不具合を起こします。

　異常昇圧は弁箱内に密封された空間ができる弁において起きる現象で、仕切弁では、トルクシーティング方式（第8章1の3の関連知識参照）

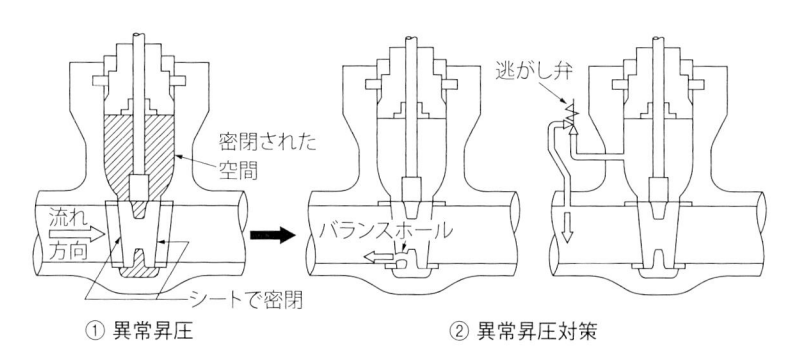

① 異常昇圧　　　　　　　② 異常昇圧対策

**図5-19　仕切弁の異常昇圧と対処法**

## 2 荷重・圧力・差圧

### 第5章

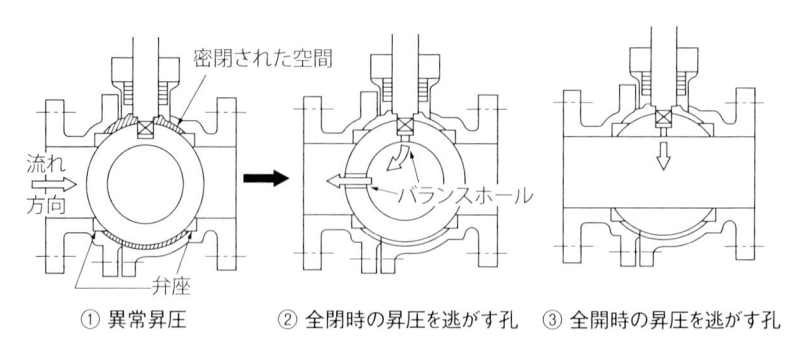

図5-20　ボール弁の異常昇圧と対処法

① 異常昇圧　② 全閉時の昇圧を逃がす孔　③ 全開時の昇圧を逃がす孔

のフレキシブルディスク、ダブルディスク、パラレルスライドなどの2枚弁タイプ、そしてボール弁で起きます。

　仕切弁の場合、高い内圧が2枚弁タイプの弁体を両側に押し開くようにして、弁座に押し付けるため、また、ボール弁の場合、弁体、弁座が高い内圧により変形するため、バルブを開けられなくなります。ボール弁は全開の状態でも異常昇圧を起こすことがあります（**図5-20**③）。

### ❗ その対処法

　仕切弁、ボール弁に共通する異常昇圧対策は、弁体に異常昇圧をもたらす膨張した流体を管路に逃がすバランスホールを設けます。密閉空間から流路へ通じる孔は仕切弁の場合1個ですが、ボール弁の場合は図5-20②に見るように、全閉時に孔を2個必要とします。仕切弁もボール弁も通常のシールする手段は、上流側の圧力を弁体が受け、その推す力で弁体が下流側の弁座を押し付けてシールするしくみとなっています。したがって、もしも孔が下流側に抜けていると、孔から漏れてしまいます。すなわちこの方法は、孔は常に上流側に抜けている必要があるので、流れ方向が変わるバルブには適用できません。

　弁の流れ方向に関係なく異常昇圧を防止するには、仕切弁では逃し弁を設けること（図5-19②）、ボール弁ではボールが上下の軸で保持されたトラニオンタイプを採用します。

# 7 管路の液封

## ❌ どんなトラブルか

　早朝に、満水状態の屋外送水管の入口弁、出口弁（いずれも仕切弁）を全閉にしました。炎天下の昼間になって、バルブを開けようとしましたが、いずれのバルブもハンドルが固くて開けることができませんでした。

## ❓ その原因は

　液封と呼ばれるこの現象は気密性のよい、止め弁（あるいは逆止弁）とその上流にある止め弁の間に挟まれた管に液体が充満した状態で両弁により密閉され、外部から伝熱や輻射（たとえば太陽熱）などで液体に熱が加えられ、体積膨張することにより起きます（図5-21）。

　したがって、以上のようなバルブと管の組み合わせに、外部からの熱源で液温が上昇する可能性が重なっている場合は液封に注意が必要です。液封が起きると、バルブのハンドルが回らない、ガスケット部からの漏洩やガスケットの損傷、ガスケット類が堅牢で漏れがなければ、管やバルブの圧力境界部が変形するなどの現象が起きます。

## ❗ その対処法

　液封に対する対処法は、そのラインの設計圧力で吹き出す逃がし弁を、2つのバルブに挟まれた管に設置します。

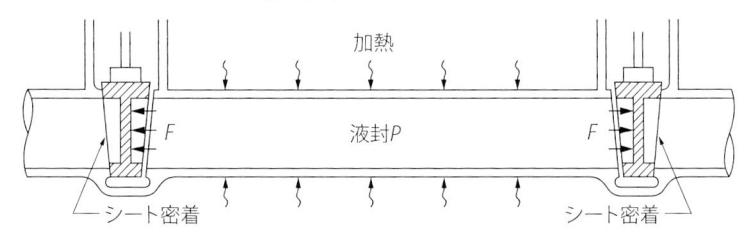

**図5-21　液封による異常昇圧**

# 3 流れの偏流と乱れ

## 1 流れの偏流による不具合

### ❌ どんなトラブルか

【例1】 吸込み座に直接エルボが接続している両側吸込みポンプが、運転中にポンプの振動が少し大きくなった（**図5-22参照**）。

【例2】 流れがT分岐で曲がった直後に、バタフライ弁のある配管が運転に入ったところ、バルブが振動を起こした（**図5-23①参照**）。

### ❓ その原因は

【例1】 エルボを通過する流れは遠心力が作用して、エルボの背の側の流量が増え、腹側の流量が減る。ポンプ入口直近にエルボが付いていると、流れはこの偏流のままポンプに吸い込まれるので、図5-22②のように、両吸い込みポンプの場合、右側の羽根に入る流量は左側の羽根に入る流量より多くなる。すると右側も左側も設計流量から外れた流量、すなわち設計点から外れた運転となり、性能が悪化し、また、右側の羽根により生じるスラストが左より大きくなり、スラスト軸受の摩耗を早め、ポンプの振動が出やすくなる。

【例2】 バタフライ弁は構造的に弁体が流れの中央にあるため、流れの偏流や乱れが弁体に影響し、弁体に力や振動を与える。さらにそれらが弁軸、駆動部に伝わり、ボルトのゆるみ、キーやギヤの摩耗などを招き、大きな事故を起こす可能性もある。そのため、Tやエルボなど曲がりの下流にバタフラ

イ弁を置くときは、弁棒の向きが重要である。図5-23①のように弁棒が流れの平面に垂直であると、曲がりによる偏流で弁体の右側は左側より流量が増え、流速が速く、静圧が下がるので、弁体に左から右へアンバランスな力が働き、バルブに悪い影響を与える。

### 🛈 その対処法

【例1】図5-22②は、ポンプにとって好ましい配管形状で、曲げ半径の大きなエルボとポンプとの間に直管を設けている。その結果、エルボによりできる偏流は同図①の場合より小さく、直管部を流れる間に偏流を是正し、ポンプに吸込まれる時、左右対称の流れに近くなる。

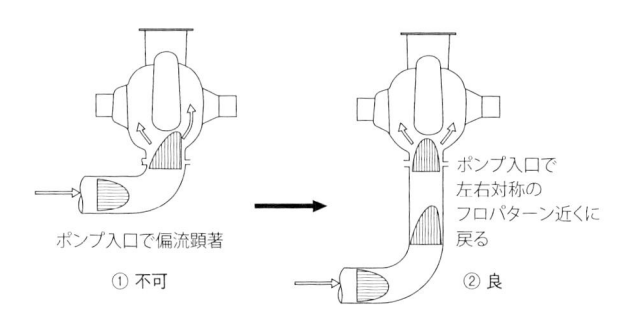

**図5-22　両吸込みポンプ入口のエルボによる偏流**

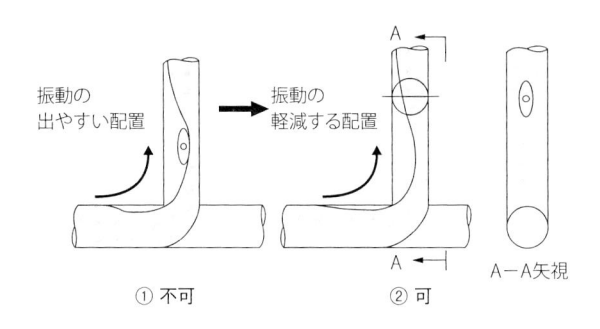

**図5-23　曲がりによる偏流とバタフライ弁の弁棒向きの関係**

# 3 流れの偏流と乱れ

【例2】 バタフライ弁は、図5-23②のように弁棒が、曲がる流れの面内にあると、曲がりによる偏流があっても弁体左右の流量はほぼ等しくなり、弁体にアンバランスな力は発生しない。また乱れのできる箇所からバルブを3Dから5D（Dは管口径）以上離すことが望ましい（バルブメーカにもよるが、たとえば1D以下は不可）。

## 2 合流部の配管形状により振動発生

### ✖ どんなトラブルか

【例1】 蒸気減圧弁A、Bの各出口をヘッダに直角に接続し、接続後Tを使い対向流で合流させている配管（図5-24①）が、運転に入ると小振幅で高周波の振動を起こした。

【例2】 図5-25①に示すように、ポンプ3台並置、2台常用のポンプ出口配管において、C、Bポンプを同時運転すると出口ヘッダの配管が振動した。

### ❓ その原因は

【例1】 減圧弁下流は一般に高流速の乱れた流れとなるので、Tによる曲がりや、対向流で正面で衝突する合流方法は、乱れを極端に増幅させるので避ける必要がある。また、管口径が比較的大きく（たとえば24B程度）、かつ薄肉（たとえば6mm程度）であると、管壁の剛性が大きくないので、流速によっては流れの乱れにより、振幅の小さな高周波振動を起こす。

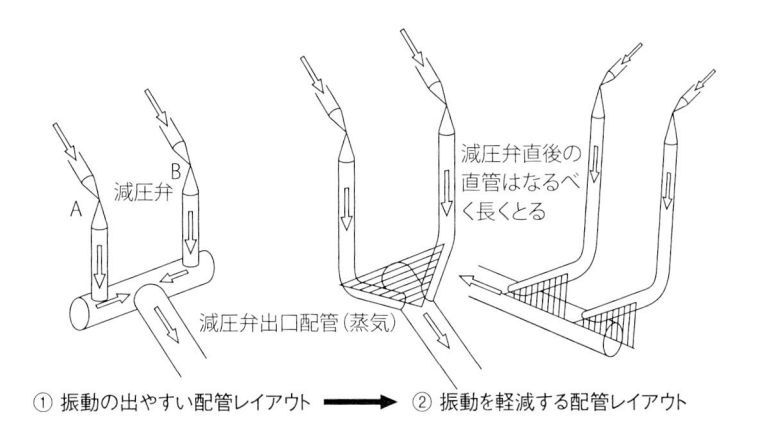

① 振動の出やすい配管レイアウト ➡ ② 振動を軽減する配管レイアウト

**図5-24　減圧弁出口配管の振動**

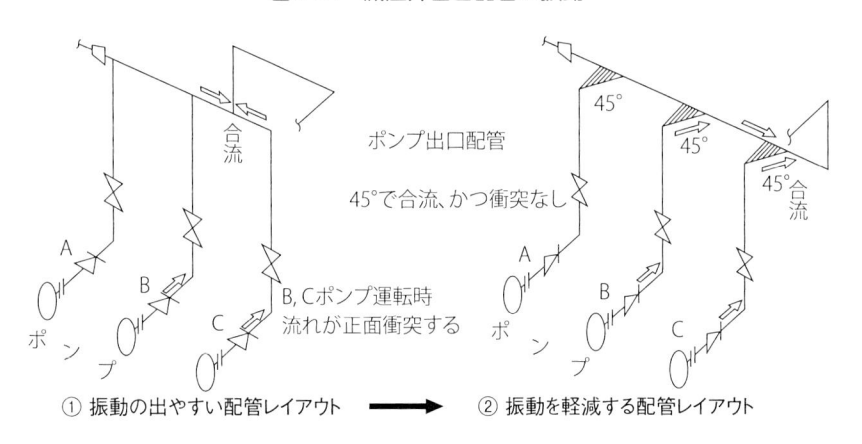

① 振動の出やすい配管レイアウト ➡ ② 振動を軽減する配管レイアウト

**図5-25　ポンプ出口配管の振動**

【例2】流れが正面で衝突する合流方法（図5-24①）は、流体が水であっても流速が速い場合は、2つの流れの衝突による激しい乱れで、エネルギーが失われ、その際、相当の圧力損失と、時に配管の振動をもたらす。

## ❗ その対処法

【例1】できる限りスムースな流れ、すなわち、図5-24②（2つの改善案を示す）のように、正面の衝突をなくし、ラテラル

# 3 流れの偏流と乱れ

継手を使って45°で合流するようにする。なお、高エネルギー流体（注）の配管で、口径が大きく、管厚さが薄いと、管壁が波打つような振動を起こすことがあるので、耐圧強度上の必要厚さで決まる、呼び厚さの1ランク上の厚さを使うこと（口径にもよるが、たとえば最小厚さは9.5mmとする、など）も考慮する。

$$\left(\begin{array}{l}\text{注：流体が管に与える力は流体の運動量の変化量である。}\\ \text{流体の運動量変化＝}\\ |\text{質量流量×流速変化}|＝(AV\rho)\times(V-0)\propto V^2\\ \text{ここに、}A：\text{流路断面積、}V：\text{管内平均流速、}\rho：\text{流体密度}\end{array}\right)$$

【例2】 図5-25②は、例1の減圧弁出口配管の改善案と同じように、合流における正面衝突を避け、45°でスムースに合流し、振動の抑制をはかった配管である。

---

**山椒の実**

**スケールアップすると、応力はそのスケールに比例する（第2章②-⑨参照）**
物体の重量$W$により発生する応力は次のようになる。
荷重により生じる曲げモーメントを$M$、断面係数を$Z$、荷重を受ける面積を$A$、代表長さを$L$とすると、
$W\propto L^3$、$M\propto L^3\times L$、$Z\propto L^3$、$A\propto L^2$　したがって、
圧縮応力は、$W/A\propto L^3/L^2=L$
曲げ応力は、$M/Z\propto L^4/L^3=L$
となり、応力は$L$、すなわち、スケールアップ率に比例する。

# 4 重力流れ・飽和水の流れ

## 1 気泡発生による流れの閉塞

### ✗ どんなトラブルか

【例1】 ある簡易水道において、上方にある貯水池から下方の配水池へ水を送る導水管が時々断水した。配水池入口にあるバタフライ弁をしばらく閉めてから開けると送水されるが、しばらくすると断水する現象を繰返した（図5-26参照）。

【例2】 ドレンタンク内飽和水を、ドレンタンクより高い位置にある熱交換器へ送り、飽和水の熱量を回収する配管があった。熱交換器近くに置かれた、その配管の水位調節弁上流で流体がフラッシュ（蒸発）し、体積流量が異常に増えたため、調整弁が計画流量を流せなくなった（図5-27参照）。

### ❓ その原因は

【例1】 貯水池の水位が高い時は、水力勾配線（一点鎖線）が導水管のレベルの上にあるが、送水して貯水池の水位がある程

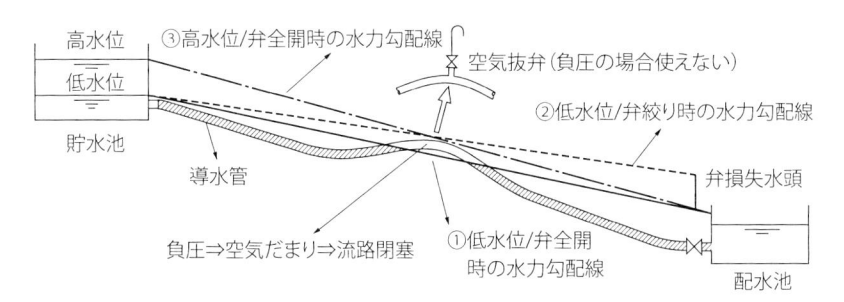

図5-26 導水管レベルと水力勾配線の関係

083

## 4 重力流れ・飽和水の流れ

度下がると、水力勾配線（実線）が導水管のレベルの下になるところが出てくる（図5-26①）。

水力勾配線が管の下にある部分の管路は、負圧になることを意味し、水に溶けていた空気が遊離して気泡となり、導水管の凸部に溜まる。空気量は次第に増加し、流水断面が細り、遂には完全に断水状態となる。

【例2】ドレンタンクの飽和水を熱交換器に送る系統において、図5-27①のような、熱交換器がドレンタンク水位より上、またはほぼ同レベルに位置する場合、次のような問題が起こる。タンクを出たドレンは、流れによる損失水頭を生じ、圧力を減らす。配管が立ち上がり、タンク水位と同じレベルに達した時、すでに損失水頭のために管内流体はタンク内温度の飽和圧力を割り込んでおり、放熱による温度低下がなければフラッシュを始める。ドレンは調整弁へ向かってさらにレベルが高くなるので、圧力が下がり一層フラッシュする。調節弁上流でフラッシュすると体積流量が非常に増えるので、調節弁の容量が不足する。

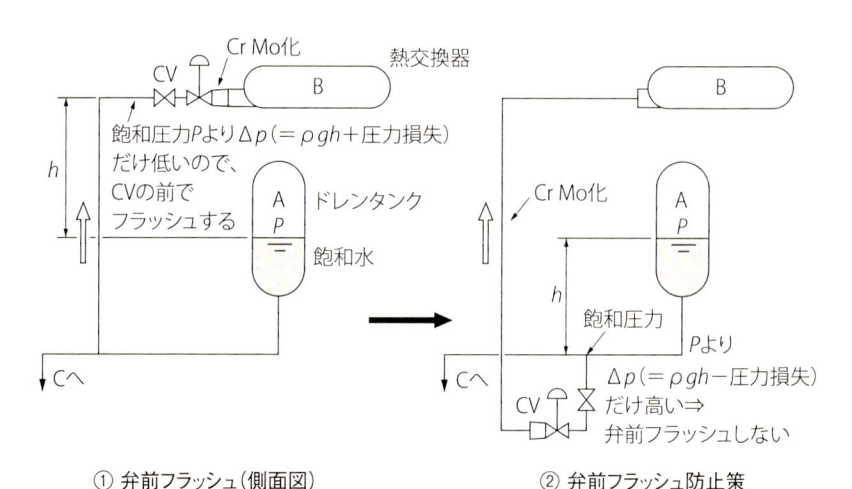

① 弁前フラッシュ（側面図）　② 弁前フラッシュ防止策

**図5-27　弁前フラッシュと防止策**

## ❗ その対処法

【例1】 配水池入口弁を閉め、貯水池の水位が上がってきたところで、入口弁を開けると、図5-26③の水力勾配線となり、導水管は全長にわたりその下にあるので空気だまりはできず、水は流れる。その後、水力勾配線は時間と共に①に近づいていく。貯水地が低水位であっても、入口弁を絞り、ここで損失水頭を作ってやれば、②の水力勾配線となり、導水管凸部の上にくるので、水量は減るが流れる。②も③も運用制限がある。導水管等の凸部の空気を抜くのに自動空気弁が有効だが、管内が負圧になる場合は使えない（図5-26）。(文献⑧より引用)。

【例2】 この種の「弁前フラッシュ」は起きないようにしなければならない。そのためには、調節弁下流の機器のレベルを、配管圧力損失も考慮して、調節弁上流機器の飽和水レベルよりも十分下げる必要がある。

　もしも、調節弁下流の機器のレベルを、上記の配置にどうしてもできない場合は、図5-27②のように調整弁の位置を飽和水が弁前フラッシュしないように、上流機器の飽和水レベルより十分下げた上で、調整弁下流の長い管で起きるフラッシュに対応するため、調節弁から熱交換器までの配管の口径を大きくして流速を下げ、管、管継手類のCr-Mo化などによりエロージョンに対する対策が必要となる。

### 関連知識

　ポンプ吸込み管は空気が溜まらない設計にしなければいけません。図5-28①のように、空気だまりがあると空気がポンプに持ち込まれたり、空気により狭められた流路による圧力損失の増大などで、ポンプの性能が低下します（流量や全揚程の不足）。図5-28②に空気だまりのできない配管配置を示します。

# 4 重力流れ・飽和水の流れ

第5章

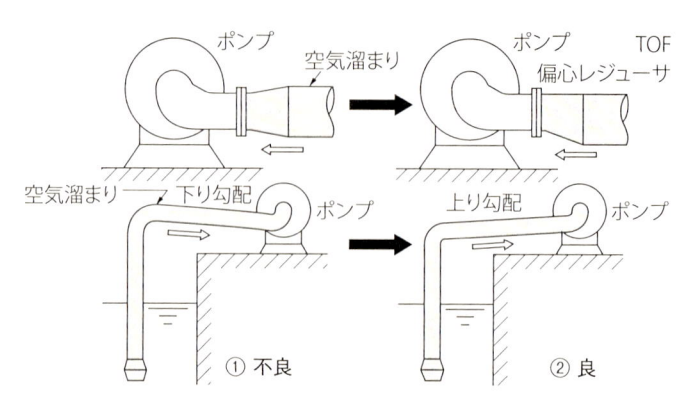

図5-28　ポンプ吸込み管形状の良否

## 2 重力流れにおけるベント不良

### ✗ どんなトラブルか

【例1】水位をもたない槽から、下に位置するタンクへドレンを重力で送る降水管がある。この降水管が送水中に断続的に振動し、かつ下位タンクの水面が断続的に変動した。

【例2】建築設備であるトイレや洗面所などの衛生設備の排水管で、サイホントラップの封水が破れたり、排水が逆流して吹き出すことがある。

### ? その原因は

【例1】水位をもたない槽から重力でドレンを送る場合、ドレンと一緒に気相（ガス、空気、蒸気など）も巻き込まれて送られる。ドレンはタンク底部から抜かれているが、気相は逃

げ道がない。そこで気相はタンクにたまり、圧力をもつと、降水管を逆流して上位の槽へ逃げる。この時、下降するドレンは上昇する気相に邪魔され、一時的にドレンが止まる。気相が上へ抜けてタンク内が正常の圧力に戻るとドレンは気相を随伴して降水管を流れ出す。

このように正流（ドレンと気相）と逆流（気相のみ）を間欠的に繰り返す。このため流れは不安定となり、配管は断続的に振動し、タンク水位も変動する（図5-29①参照）。

【例2】建築設備における衛生設備の排水管は、高い場所から低い場所へ重力で流す方式で空気を巻き込んで流れる。排水管に混入した空気は、排水の流れを阻害し、圧力変動をもたらし、圧力変動は排水の逆流やサイホンの破封（封水がなくなること）を引き起こす。このような現象が起きるのは、排水管の中の横走り枝管に空気が溜まって排水を阻害するからで、横走り枝管の通気性能に問題がある場合に起こる。

横走り枝管内の空気は、図5-30に見るように、排水と共に排水立て管に流れ込み、空気は立て管を上へ進み、その延長上にある伸長通気管を通して大気へ排出されるが、衛

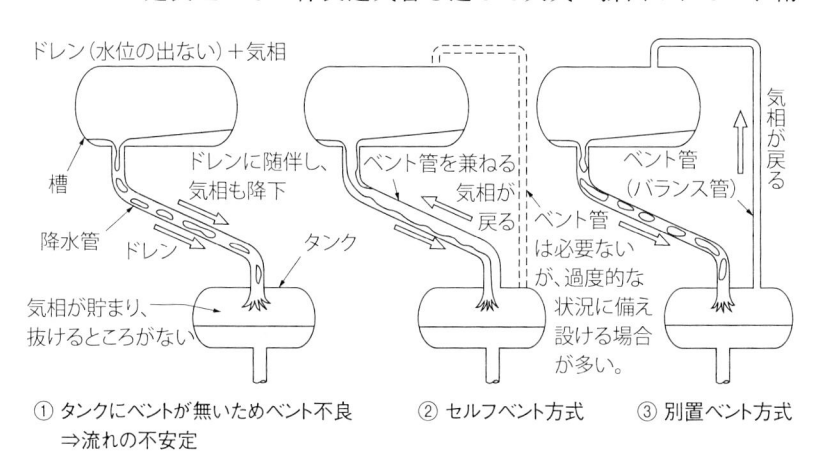

① タンクにベントが無いためベント不良
　⇒流れの不安定
② セルフベント方式
③ 別置ベント方式

**図5-29　スラグ流による振動**

# 4 重力流れ・飽和水の流れ

第5章

生設備の数が増えると排水立て管、伸長通気管だけでは通気が不十分となる。

### ❗ その対処法

【例1】 気相がタンクに溜まらないようにするには、タンクに溜まった気相の逃げ道を作ってやることである。1つの方法は、セルフベント方式（図5-29②）といって降水管の口径を大きくして、降水管内に気相の通り道を作る方法。別の方法はタンクから槽へ気相専用の管を設ける別置ベント方式（図5-29③）。セルフベントが成り立つためには、降水管の最小内径と最小勾配があり、その求め方は、たとえば「文献①」を参照願いたい。

【例2】 横走り枝管の排気が排水立て管と伸長通気管だけでは不十分な場合は図5-30のように、ループ通気管を横走り枝管最上流の衛生器具接続部直後Ⓐより枝出しし、通気専門の通気立て管か、伸長通気管につなぎ込む。また8個以上の衛生器具から1本の横走り枝管へ排水される場合は、器具接

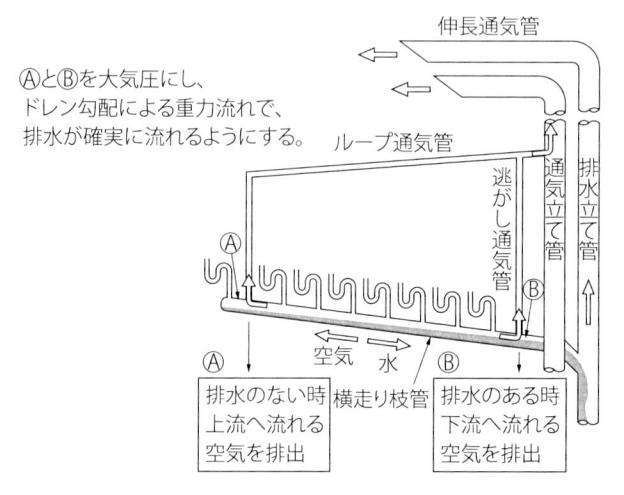

**図5-30　横走り枝管と通気管**

続部下流Ⓑの横走り枝管に逃がし通気管を設けて、横走り枝管にある空気の排除を促進する。

### 関連知識

重力流れにおいて、運び込まれ、配管内に滞留する気体の存在は、液体の流路を狭め、流れを阻害するため不安定な流れとなります。また、気体を溶解した液体が容器や配管を通過する際、気体が分離し、容器の上部や配管の凸部（エアポケット）に蓄積していきます。気体のはけ口がないと、気体が貯まり続け、液体が容器などに入ってこれなくなります。これを防ぐため、容器または配管上部に気体を逃がすベント管（バランス管ともいう）が必要となります。図5-31にベント管が必要なケースを示します。

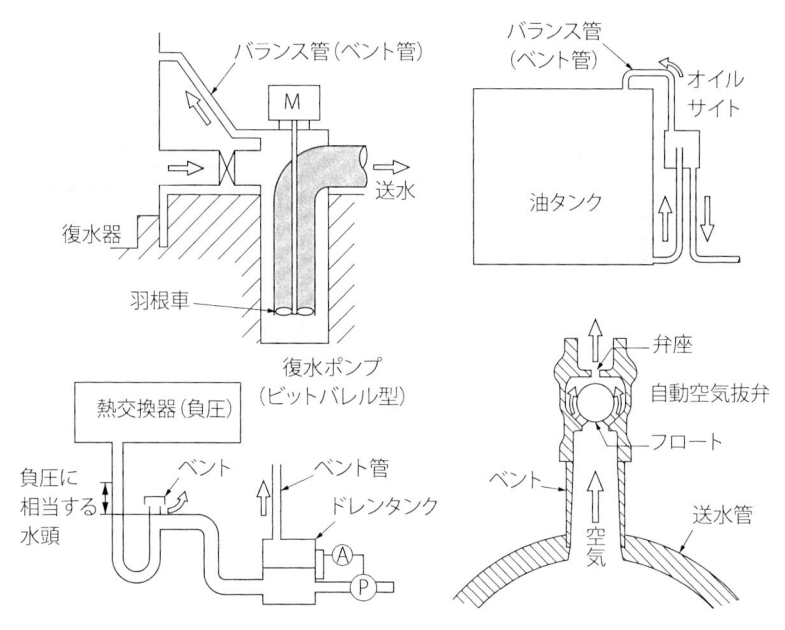

図5-31　バランス管（ベント管）が必要なケース

# 4 重力流れ・飽和水の流れ

## 第5章

## 3 重力流れにおける水平管の位置

### ❌ どんなトラブルか

　脱気された飽和水を溜める脱気器貯水槽から給水ポンプへ水を送る降水管において、水平管で配管を引き回すスペースとサポートの取りやすさから図5-32のAルートのようにしました。運転に入り、定常運転の間は問題ありませんでしたが、脱気器の圧力が過渡的にPから$\Delta P$下がった時、ポンプの有効NPSH（NPSHA）が必要NPSH（NPSHR）を下回り、ポンプがキャビテーションを起こしました。

### ❓ その原因は

　一般にタンクの飽和水の送水は、管で生じる僅かの損失水頭で飽和水がフラッシュするので、過渡的な運転に際してもNPSHAがいつも

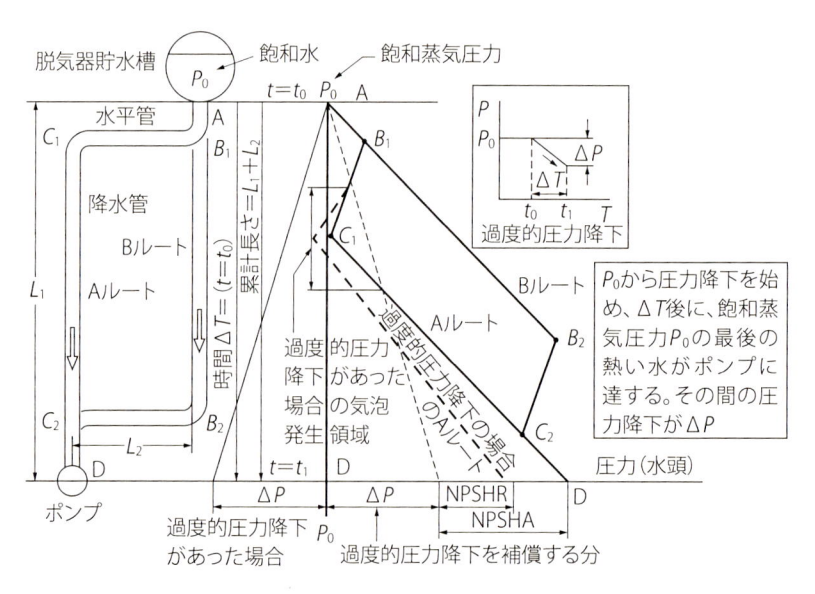

**図5-32　飽和水重力流れにおける水平管の位置**

NPSHRを上回るように、タンクのレベルをポンプに対し極力高い位置に設置します。

　図5-32の太い実線は、圧力$P_0$（飽和蒸気圧力でもある）で定常運転中のポンプまでの降水管、AルートとBルート、おのおのの管路途中における静圧と飽和蒸気圧（$P_0 - P_0$の線）の関係を示しています。上部で水平管をとったAルートは飽和蒸気圧近くまで静圧を下げますが、辛うじて気泡の発生を免れ、ポンプ入口で、Bルートともども、NPSHA > NPSHRを満足し、キャビテーションは起こしません。

　しかし、本事例では、Aルートの場合、過渡的な圧力降下が起き、ポンプ入口のNPSHAが減少し、NPSHRを下回るため、ポンプ内で流体がフラッシュし、キャビテーションを起こしたものです。飽和水の場合、圧力降下すれば、それに応じて温度も降下し、フラッシュを始める飽和蒸気圧も下がります。しかし、この時、降水管にはまだ圧力が下がる前の温度の高い水が入っています。圧力が下がる前の高温の水がポンプを通過し終わるまでの時間を$\Delta T$とし、その間に圧力が$\Delta P$下がったとします。その分、圧力水頭が下がり、NPSHAが減るので、これを補償するため、$\Delta T$後の飽和蒸気圧$P_0$を$+\Delta P$右側へ移動させます。（斜めの細い破線）。この線は過渡的圧力降下があった時の実質的な飽和蒸気圧で、この線より左側は水がフラッシュし気泡を発生します。

　過渡的運転時の場合（図5-32太い破線）、ルートAは$C_1$の付近で、静圧が飽和蒸気圧を割り込み、気泡が発生することを示しています。その結果、①流体密度が小さくなることによる静水頭の減少、②比容積が増え、流速が上がることによる、水平管下流での損失水頭の加速的増加が起こります。そのため、静水頭が一層減るので、過渡状態のAルートの静水頭は、定常状態のAルートの静水頭の左へシフトします。その結果、ポンプ入口で、NPSHAがNPSHRを割り込み、キャビテーションが起きたものです。

　これは、降水管の上部でフラッシュが起きたことにより、その下流で、NPSHAの増加が抑えられたことに問題があります（参考文献②）。

# 4 重力流れ・飽和水の流れ

第5章

## ❗ その対処法

　重力流れの配管、特に飽和水またはそれに近い配管では、配管の上部はできるだけ垂直に近いルートとして、損失水頭があまりふえない内に静水頭を可能な限り多く"かせぐ"ことが大切です。

## 4 負圧のドレンラインにおけるUシールの破封

### ❌ どんなトラブルか

　若干の負圧（大気圧より低い）で運転している機器のドレン管は、大気を機器内に吸込まないようにUシールを使ってドレンの排出がされています。設計値より機器の真空度が少し上がりすぎた時、封水が機器側へ吸引され、Uシールが切れ（破封という）、空気が流入し器内の圧力が大気圧となり（すなわち真空破壊）、運転が停止してしまいました。

### ❓ その原因は

　Uシールを使ってドレンの排出をしている様子を図5-33①に示します。器内圧力が負圧 $P_1$（大気圧との差）とすれば、Uシール右脚の水位を基準とした左脚の水位の高さ $h_1 = (P_1/\rho g)$ によって、負圧の器内圧力と大気圧がバランスし、機器で生成したドレン量分だけ右側の排出管に流出、レベル差 $h_1$ が維持されます。

　器内の真空度が上がると、真空度に見合って $h_1$ の高さが増えます。

　Uシールの左脚と右脚の水位の差が図5-33②の図の $h_2$ の時、シールが切れない最大の高さとなり、真空度はそれに見合う最大の真空度 $P_2 = \rho g h_2$ となります。これ以上真空度が上がると、左脚の水柱は器内に吸い上げられて、シール（封水）が切れます。上記のトラブルはこのよ

うな事態にいたったものです。

## !その対処法

　ドレン管上流（ここでは機器）の圧力の最低値（負圧側）と最高値（正圧側）を考慮してUシールの左脚、右脚の高さを決める必要があります。

　上流側が負圧の場合、前述したように考えられる最大の真空度を考慮して、図5-33のUシール左脚の高さ（すなわち、Uシールの底から機器入口までの高さ）を決めます。

　また、器内が正圧（大気圧より高い）になることが想定される場合、シールの切れない最大の正圧の大きさは、図5-33③の$h_3 = (P_3/\rho g)$であることは、負圧の時の説明と同じように考えれば、理解できると思います。なお、定常運転時にUシール部にある水の量が、最大負圧時、または最大正圧時の脚部を昇る水になるので、その量が確保されるようにUシール部水平管の長さも決める必要があります。

　Uシールの底はごみが溜まりやすいところで、ごみの堆積により流れが阻害される可能性があるので、掃除用のドレン抜きまたはプラグが不可欠です。

　Uシールとは関係ありませんが、Uシール出口にある排水管が所定の

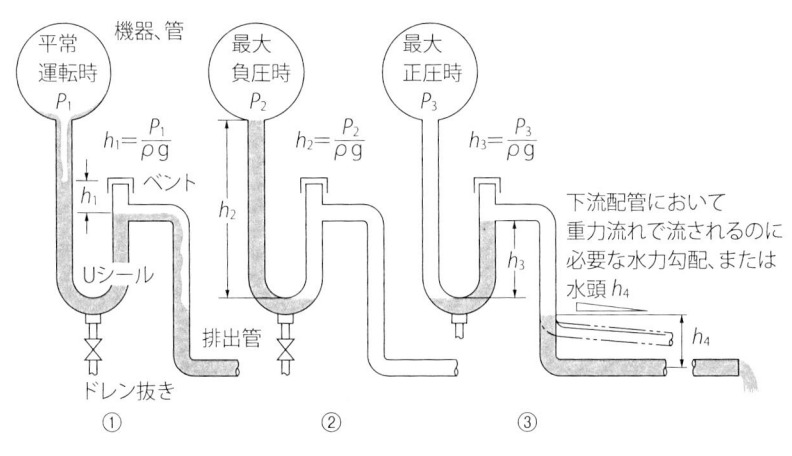

**図5-33　Uシールのメカニズム**

# 4 重力流れ・飽和水の流れ

第5章

流量を掃けるためには、図5-33③に見るように、その下流との水頭差または水力勾配が必要です。

> **山椒の実**
>
> 圧力の高いポンプ吐出管よりも、ポンプ吸込管や4 1～3 のような重力のみで流れる配管の方にトラブルが多いことに注意すべきです。ポンプ吸込管は一般に吐出管より太いため、ポンプへ及ぼす反力をポンプ許容反力（一般にきわめて小さい）以下に収めたり、十分な余裕をもって必要NPSHを上回る有効NPSHを確保すること（特に飽和水の時）に配管設計者は苦労します。また重力流れの配管は、流体が飽和水である場合や空気を巻き込んで流れる場合が多々あり、ウォータハンマや不安定な流れに対処する必要があります。

## 5 サイホントラップの自己サイホン

### ✕ どんなトラブルか

建築設備のトイレなどの衛生器具は、臭気が排水管を通って室内に入ってこないように、封水で遮断するサイホントラップが使われています。

排水を流したところ、自己サイホン作用（自らのサイホン作用により封水が流失すること）が起き、サイホントラップのシール部が破封（封水がなくなること）し、トラップの機能が失われました。

### ? その原因は

図5-34は建築衛生設備の管形サイホントラップのうち、Sタイプを示します。サイホントラップはいずれのタイプも排水した時、トラップの頂部以降が大気圧になっていないと、自己サイホンにより封水がすべて流出し、封水が破られた「破封」状態となります。

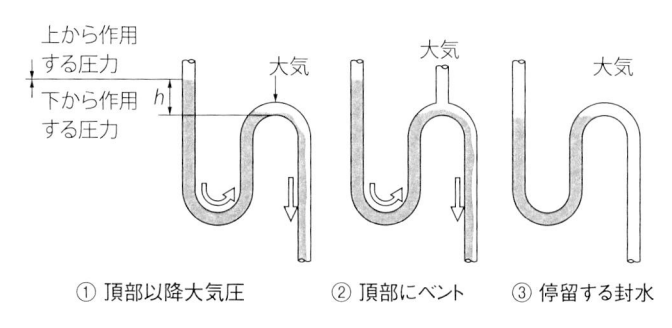

**図5-34　正常な働きのサイホントラップ**

　図5-34①はサイホンを通って水が流れている様子を示します。

　この時、破封を防ぐために自己サイホンが起こらないようにしなければなりません。それにはサイホン頂部が大気圧になるようにして、ここでサイホン現象を壊す必要があります。そのため、サイホン部以降を太くして満水状態で流れないようにするか、図5-34②のように、サイホン頂部に大気とつなぐベント管を設けます。

　逆U字形のサイホンがあっても流れる理由は、サイホン入口の水面の圧力バランスを考えてみるとわかります。図5-34①を見てください。

　上から押し下げる圧力：大気圧

　下から押し上げる圧力：大気圧 − $\rho g h$

　従って、押し下げる圧力＝大気圧 −（大気圧 − $\rho g h$）

$$= \rho g h > 0$$

すなわち、サイホン入口水面を下に押す圧力が働いているので、水は下方向へ流れます。水が流れて図5-34③になると、$h$は0となるので水面に働く圧力は0となり水は動かなくなります。残された水が封水です。

　**図5-35**のように頂部以降、Sの間が満水していると、自己サイホンが起き、水がすべて流失し、封水が残りません。その理由はサイホン入口の水面の圧力バランスの式が上の式と全く同じになり、水面を押し下げる圧力＝$\rho g h > 0$となるので、水は下方向へ流れます。そして水は完全に流失します。

## 4 重力流れ・飽和水の流れ

第5章

### ❗ その対処法

サイホントラップの自己サイホン作用を防ぐ確実な方法は、その頂部にベント管を接続し、大気につなげることです。建築設備ではサイホン頂部の上がり口はごみが貯まりやすい傾向があるので、頂部に短管を接続し、その短管にベントを接続することを推奨しています。

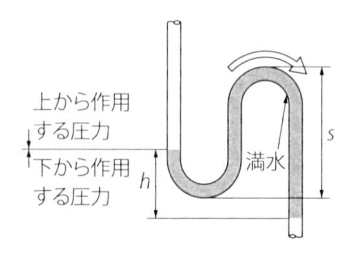

**図5-35　自己サイホン**

---

#### 山椒の実

「天は自ら助くるものを助く」

　ヨーロッパの古いことわざです。「自力で努力する人には天が援助を与える」という意味。逆にいえば「怠けている人に天は助けを与えない」ということ。プロ野球や高校野球のテレビ中継で、野手がとても捕れないと思う打球をジャンプしながら、あるいは地を転がりながら、グラブを伸ばしてボールを収めるのをよく目にします。これなどは、日頃から猛練習している選手だけに、天が助けを差しのべているのではないかと思えます。

# 5 振動

## 1 振動とはどんなトラブルか

### ✕ どんなトラブルか

　配管で起きる振動現象を原因別に分類すると、表5-3のようになります。この中で、振動の原因欄に（不規則振動）と（過渡的）と記したもの以外は、原則的に規則振動で、この振動数が被振動体の固有振動数と一致すると、共振といわれる現象を起こし、非常に大きな振幅で揺れ、危険な状態になります。振動は固体で起きるばかりでなく、気体や液体の中を縦波（粗密波）で伝わる気柱（液柱）振動があり、これが気柱（液柱）固有振動数と一致すると、気柱共振を起こします。気柱共振は音響共振とも呼ばれます。

表5-3　配管に生じる振動の種類

|  | 振動の原因（起きる場所の例） | 本章の項目 |
| --- | --- | --- |
| 外側の流れによる振動 | カルマン渦（温度計ウェルまわり） | 5 8 |
|  | 自励振動（チューブ群まわり） |  |
| 内側の流れによる振動 | サージング（ポンプ、送風機） | 5 10 |
|  | 高流速、乱流（配管、バルブ、ベローズ）（不規則振動） | 3 1、2 第8章 2 2 |
|  | 気液二相流（不規則振動）（配管） | 5 4 |
|  | 自励振動（減圧弁） | 5 6、7 |
|  | 脈動流（配管） | 5 3 |
|  | 流れの急激な変化（配管）（ウォータハンマ／過渡的） | 6 1～5 |
|  | 気柱共振（配管） | 5 7 |

# 5 振動

また、励振振動数（振動源の振動数）と機械固有振動数、気柱固有振動数との関係で共振を整理すると、表5-4のようになります。

表5-4　強制振動と共振

| 強制振動 | 励振振動数が被振動体の固有振動数と離調している場合 |
|---|---|
| 機械共振 | 励振振動数に被振動体の機械固有振動数が一致する時 |
| 気柱共振 | 気柱励振振動数が被振動体の気柱固有振動数と一致する時 |

機械固有振動数と気柱固有振動数が一致の共振は振動が最も激しい。

## 2 フレキシビリティのありすぎる配管

### ✗ どんなトラブルか

途中にある機器を大きく迂回する配管において、フレキシビリティは十分あり、配管圧力損失も問題ありませんでしたが、運転に入ると、配管の振動が問題となりました（図5-36参照）。

### ? その原因は

配管のフレキシビリティ、すなわち、たわみやすさが過剰で、ポンプ脈動により配管が振動しました。フレキシビリティのあり過ぎる配管は、配管に作用する外力に対し、動きやすいので、振動しやすい、あるいは、揺れやすい配管となります。配管が過度なフレキシビリティになる原因として、前述のレイアウト上の制約による他に、配管が高温の場合、熱膨張応力範囲を許容範囲内に収めるため、フレキシビリティのある方が、より安全と考え、過剰なフレキシビリティの配管にすることがあります。

098

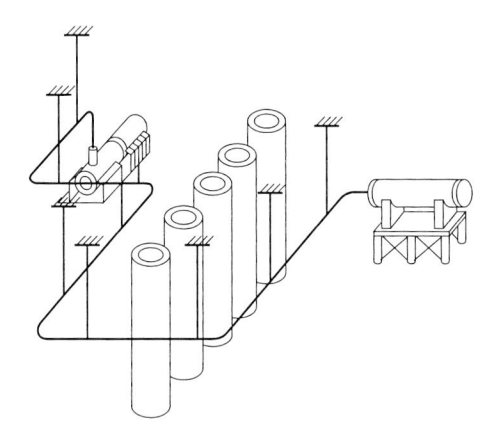

図5-36　たわみすぎる配管

### ❗その対処法

　配管のフレキシビリティは必要最小限になるようにします。フレキシビリティは「過ぎたるは及ばざる如し」で、もしも、レイアウト上の制約などからたわみ過ぎる配管になった場合には、振れそうなところにレストレイント（拘束）を設けて、剛性を増すことが必要です。

　また、スプリングハンガやコンスタントハンガなど、ばねのあるハンガばかりの配管は、揺れや荷重分布に対し不安定になるので、伸びが少ないところに、アンカやレストレイントを設けるようにします。

# 3　圧力脈動による配管振動

　配管振動の励振源に脈動する流れがあります。脈動する流れには、圧力が脈動するものと、質量流量が脈動するものがあります。前者は本項で、後者は次項で扱います。

# 5 振動

第5章

## ⊗ どんなトラブルか

遠心ポンプの出口配管が規則的な振動を起こしました。その振動周波数を測ると、ポンプ回転数×羽根枚数に近いものでした。

## ? その原因は

往復動や遠心式の圧縮機/ポンプの運転で生じる流体の圧力脈動により、配管が振動することがあります。往復動では、ピストンの往復により圧力脈動が生まれ、遠心式では、羽根車の羽根がケーシングの舌部（ポンプ内の逆流を防ぐため、ケーシングが羽根車に近接しているところ）を通過する時、圧力脈動が生まれます。脈動周波数は、往復動の場合、ポンプでは nPN/60 Hz、遠心式の場合、ポンプでは、nN/60 Hz、または nZN/60 Hz（シングルボリュートの場合）、ここに、N：回転数（c/min）、P：ピストン数、Z：羽根枚数、n：1、2、3---です。

圧力脈動が励振源になるのは、図5-37①に見るように、エルボやTの壁に圧力波が周期的に作用することによります。一般に往復動式の脈動は大きく、配管振動が問題となります。遠心式は一般に往復動より圧力脈動が小さく、脈動による配管振動が問題になることは少ないですが、図5-37②のように脈動の力が重畳されるような配管形状/寸法をしている場合や、脈動周波数が配管の固有振動数近傍にあって、配管が共振する場合、また、図5-38に示すダブルボリュートでかつ羽根枚数が偶数

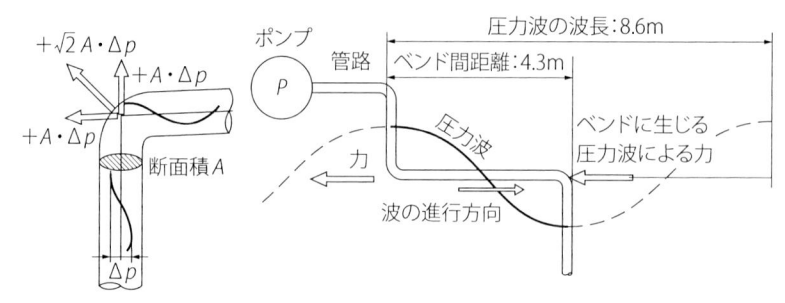

① ベンドに生じる圧力波による力　　② 波長＝2×ベンド間距離の場合

図5-37　圧力脈動による配管の振動

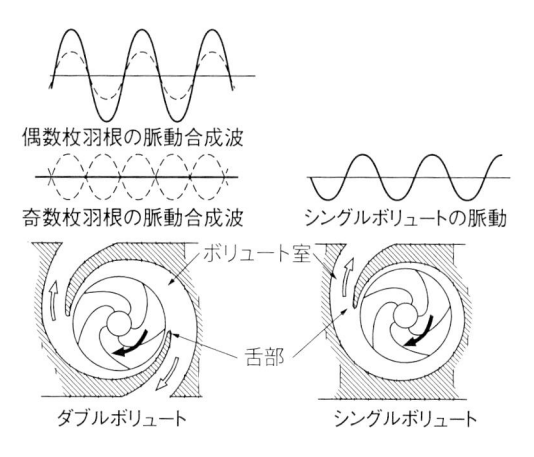

**図5-38 ポンプ羽根枚数と圧力脈動**

のポンプで、圧力脈動が重畳される場合などは、脈動による配管振動が問題になることがあります。

　配管振動の原因がポンプ脈動によるものか否かは、ポンプの脈動数と測定した配管の卓越振動数を比較すれば判定がつきます。実際に配管が共振しているかどうかは、配管にレストレイントを追加し、振動が減れば共振、それほど減らなければ、強制振動と考えられます。

### ❗ その対処法

　共振の場合の対策は、配管にレストレイントを追加、配管の固有振動数を上げて、ポンプ脈動数からの離調（注）を図ります。

　強制振動の場合は、振幅の大きいところにレストレイントを設け、できるだけ振動を抑制します。レストレインを追設する場合、熱膨張応力や反力が増えるので、それらの評価をした上で設置します。

（注：励振振動数と被振動体の固有振動数を離すこと）

# 4 気液二相流による配管振動

第5章

## ❌ どんなトラブルか

飽和蒸気/飽和水の気液二相流の配管に不規則な振動が起き、保温が脱落するなどのトラブルが生じました。

## ❓ その原因は

気体と液体が混じって流れる二相流は、図5-39に見るように気体、液体の流量比や流速などにより、さまざまなパターンがありますが、振動は質量が異なる、気体の塊と液体の塊が交互に連なって流れる、プラグ流、スラグ流（図5-39参照）で起こります。これらの流体がエルボやTのところで方向が変わることにより、x軸、y軸方向の流速が変わり、運動量が変化します。その運動量変化は曲がり部の外側の壁に力として作用します（図5-40参照）。この現象は、前項の圧力脈動による振動と原理が似ています。

流体のもつ運動量は、質量流量 $W(kg/s)$ ×流速 $V(m/s)$ ですから、エルボの外側の壁に働く力 $F$ は $F=WV=A\rho V \times V = A\rho V^2$ となります。

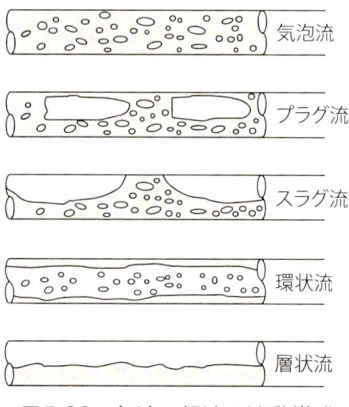

気泡流

プラグ流

スラグ流

環状流

層状流

図5-39　気液二相流の流動様式

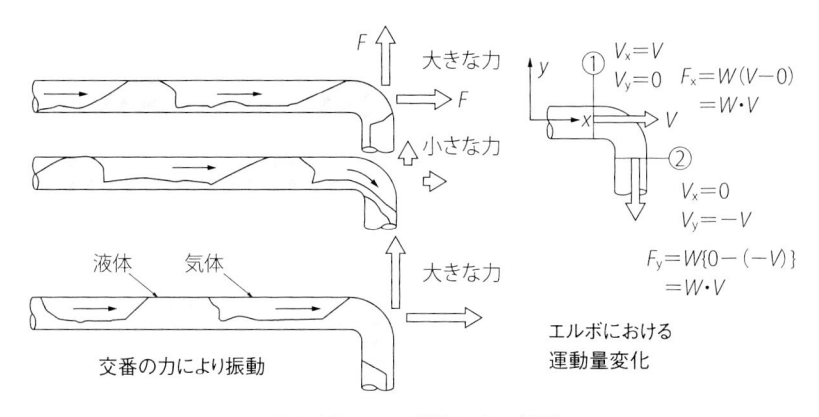

**図5-40 スラグ流による振動**

ここに$A$は管路断面積、$\rho$は流体密度です。

　気体の塊と液体の塊の流速が同じであっても、質量には100倍とか1000倍もの非常に大きな差があり、運動量は質量に比例します。したがって、エルボやTのところで、気体の塊と液体の塊が通過するたびに、運動量が大きく変化し、これが起振源となって配管を強制的に不規則に振動させます。管軸方向の液体と気体の分布状況は一般に不規則なので、振動も不規則振動となりますが、もしも空洞の大きさ、空洞の間隔（ピッチ）が均一な流れで、それにより起きる振動周期と配管固有周期が一致する場合は共振状態となります。

## ⚠ その対処法

　流体が二相流で、フローパターンがプラグ流、スラグ流になると予測される配管は、通常、比較的温度が高いのでフレキシビリティに富んでいることが多く、低次の固有周期が10～数Hz以下の配管では、共振する可能性があります。そこで、当初の設計においてレストレイントやばね式防振器を計画し、建設時に設けるか、または試運転の結果により、後で設置できるようにしておきます。

　レストレイントの拘束方向は、配管が振動しやすい方向とし、設置位置は拘束により熱膨張応力範囲の増加が大きくなく、許容応力範囲内に

# 5 振動

収まる位置とします。

　レストレイントを設ける場合、レストレイントの一端を固定する構造物の剛性が不足すると、配管の振動を止めるどころか、構造物までも振動させてしまいます。従って、しっかりした構造物を使うか、構造物の剛性を上げるため、補強を入れて使用します。第5章24参照。

## 5 配管の機械的共振

### ⊗ どんなトラブルか

　パイプラック上の配管が1本大きく振動し、振動源を特定するため振動数を測りましたが、その振動数に一致する振動源を見つけることができませんでした（図5-41）。

### ? その原因は

　パイプラック（共通配管架台）上で起きる配管の振動は、その励振源が振動している配管系自体に見つからない場合は調査範囲を広げる必要があります。当該配管が載っているラック上の他の配管に振動があるか調べ、ある場合は、その振動数などを調査します。調査の結果、当該配管の振動数と同じ周波数で振動している配管が同じラック上にあり、その振動数はその配管のポンプ脈動数とほぼ一致していました。この振動は小さいながら、ラックに伝わり、ラックを介して、ラック上の当該配管に伝わりました。当該配管だけが振動し、他の配管は反応を示さなかったのは、当該配管の固有振動数が、ラックを介して入力された励振振動数と一致して機械的共振を起こし、他の配管の固有振動数はラックを介して入力された振動数と一致しなかったためと推論されました。

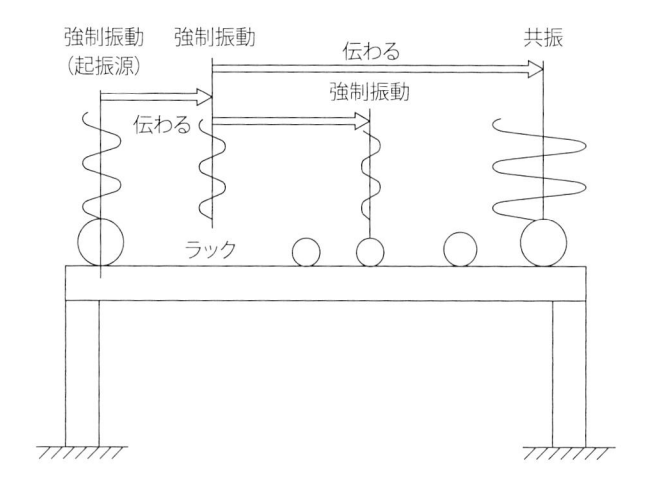

**図5-41　ラック配管の振動**

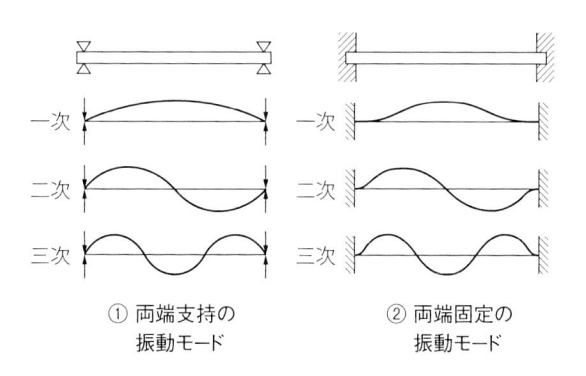

**図5-42　梁の低次共振モード**

① 両端支持の振動モード
② 両端固定の振動モード

## ❗ その対処法

　共振を避けるには、配管の低次の固有振動数（その振動モードを**図5-42**に示す）を励振振動数から離調します。そのためには、振幅の大きい箇所を仮に固定して、その効果をみてみます。効果があれば、そこで固定します。効果があまり見られない場合は、共振以外の振動の可能性があると考えられます。仮固定も、恒久固定もその箇所で配管をしっかり固定することが大切で、そのためにはサポートを固定する構造物を補強する必要があるかもしれません。

## 5 振動

第5章

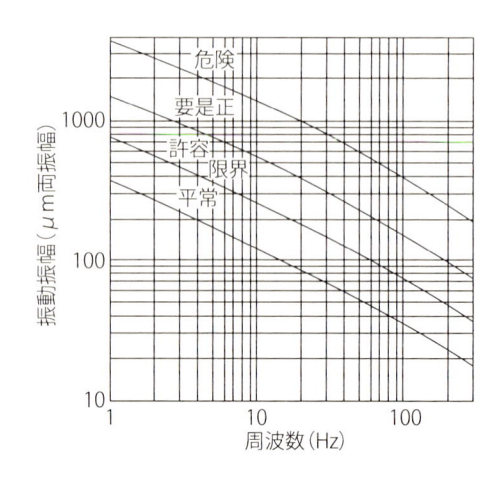

図5-43 SwRIの配管振動 判定基準

配管振動を評価する基準としては、1970年代にSwRI（Southwest Research Institute）が作成した往復動圧縮機・ポンプの配管振動評価基準があります（図5-43）。ここで、「平常」は適切な配管であっても起こり得る振動領域、「許容限界」は大きいが許容できる領域、「要是正」は配管を改造し、振動を減少させることが望ましい領域、「危険」は直ちに運転を停止し、配管を改造せねばならない領域、となります。

# 6 励振源なしに共振する自励振動

### ⊗ どんなトラブルか

蒸気流量を調節する蒸気加減弁（注）が弁リフト数mmの中間開度において大きな振動を発生しました。

（注：蒸気タービンの出力を調整するため、タービン入口の蒸気量を加減する調節弁の一種。）

>> **参考文献**
一般社団法人日本機械学会　Dynamics & Design Conference 2009、蒸気加減弁に生じる自励振動に関する研究

## ❓ その原因は

　自励振動とは、励振源なしに内在する物理的メカニズムにより、大きなエネルギー源を糧として振動エネルギーを作り出し振動する系をいいます。その起こるメカニズムは、図5-44に示すように系（物体）がエネルギー源から力を得る機構、それは系の弾性的（ばね）機構、系の慣性などを組み合わせたもので、自励振動を起こすその系に独自のものです。一般にエネルギー源から得る力と系の弾性的（ばね）機構の力は位相がずれており、この位相差により、振動を起こす「交番の力」が生み出されます。自励振動の特徴は励振源なしに振動を開始、継続することと常に系（物体）の固有振動数で、振動（すなわち共振）することです。配管装置に起きる自励振動の多くは振動エネルギーを流れのエネルギーから得ています。

　図5-45は、ばねに支えられた流れの中の断面が半円形断面円柱の物体の自励振動、図5-46は、流れの中の翼の自励振動（フラッタという）、

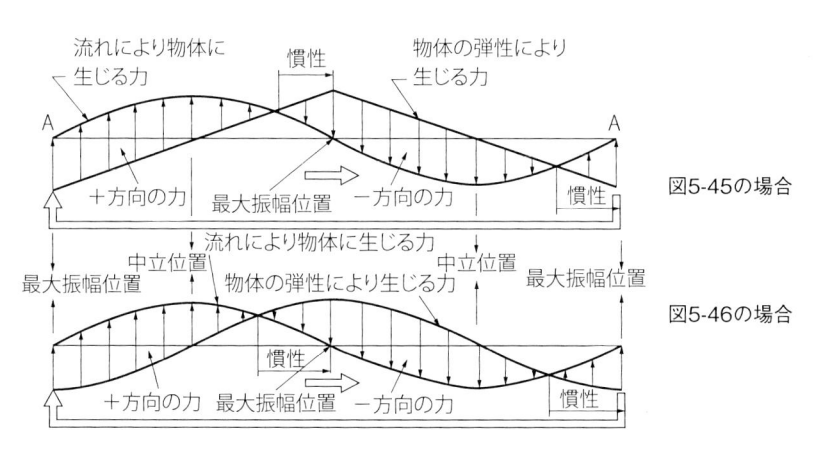

**図5-44　自励振動のメカニズム**

# 5 振動

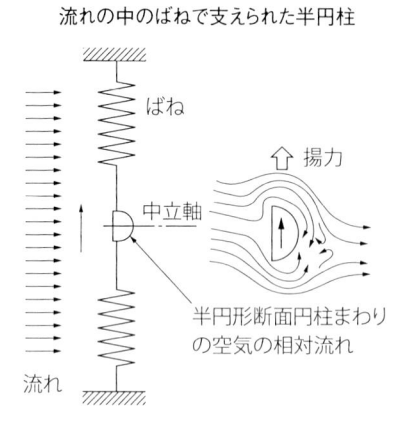

## 第5章

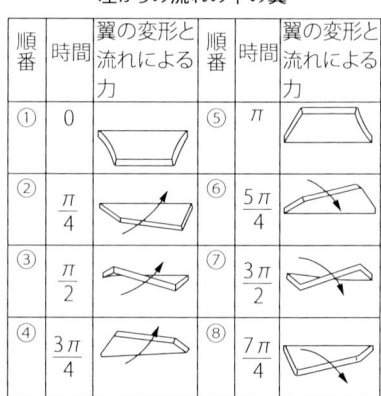

**図5-45 自励振動の例①**

**図5-46 自励振動の例②**

における交番に起きる励振力を示したものです。

配管に関係する自励振動としては、蒸気加減弁のような絞り弁の中間開度において、弁体と弁座の間の隙間流れにより、交番的に起きる弁体付着流れによる振動（次項参照）や、バタフライ弁の全開付近におけるフラッタ現象などがあります。

### ❗ その対処法

自励振動と一言でいいますが、その現象、発生メカニズムはそれぞれ独自のものがあり、共通していえる対処法はありません。ただ1ついえるのは、自励振動は必ず系の固有振動数で振れるので、固有振動数を変える対策はあまり効果を期待できません。

対処法としては、①振動の起こらない、あるいは起き難い設計に変える（その方法はケースバイケースです）、②自励振動に対する減衰能力や拘束条件を増強させる、などが考えられます。蒸気加減弁の例では、弁体に沿う流れが不安定であったのが原因で、弁体のプロフィール（形状）を変えて、流れを安定化させる、弁棒の剛性を上げる事などが効果あったようです。

# 7 弁の自励振動と配管の気柱共振

### ❌ どんなトラブルか

蒸気加減弁が中間開度で振動し、その周波数が加減弁下流の配管の気柱振動数と共振し、配管が大きく振動し、騒音を発しました。

### ❓ その原因は

蒸気加減弁による配管の振動メカニズムは次のように考えられます。

最も単純な形状の蒸気加減弁に起きる圧力脈動の原因の1つを図5-47に示します。弁開度大の時は弁座出口の流れはほぼ対称の流線になりますが、微小開度では、弁体片側に付着する流れができ、これが反対側の流れに衝突し、圧力波を発生、次に反対側が付着流となり、衝突、圧力脈動を発生します。圧力脈動で弁体が動くほど弁棒のような弁体を支持するものの剛性が低い場合、圧力脈動は弁体の固有振動数をピークにもつ周期的な圧力脈動となります（本項は文献⑫を参考としました）。

もっと複雑な構造の蒸気加減弁の中間開度において、付着流の他に、蒸気加減弁を構成する部品（主弁、弁棒、スリーブなど）の部品同士の

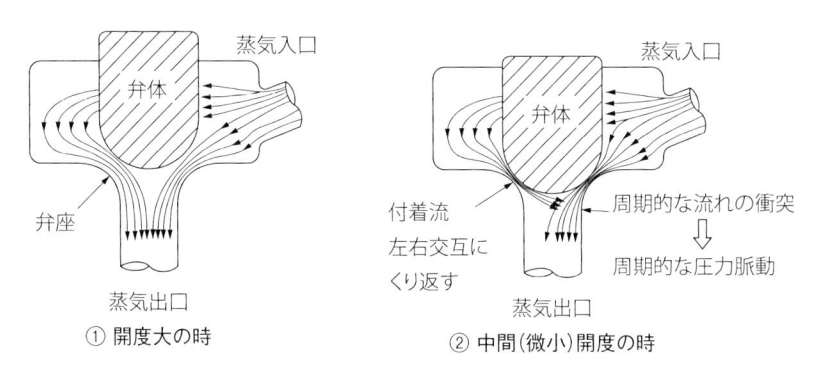

① 開度大の時        ② 中間(微小)開度の時

図5-47　加減弁に起こる圧力脈動 推定原因の1つ

## 5 振動

第5章

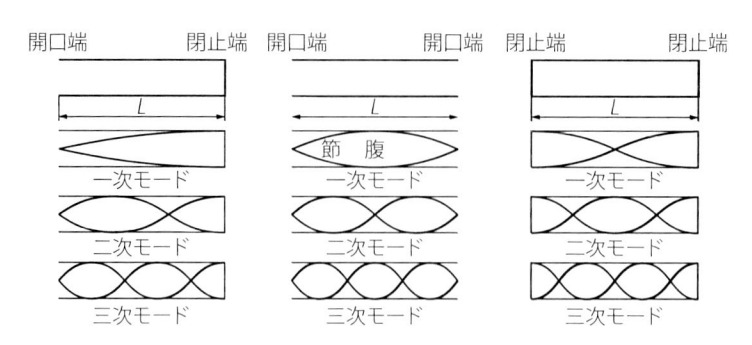

図5-48　管の気柱振動モード

隙間を流れる蒸気が関与して、固有周期で部品が振動したり、圧力脈動を発生したりすることがあります。

弁体の振動により弁下流に起きる比較的低周波の圧力脈動の振動数が配管の気柱固有振動数に一致すると気柱共振が起き、配管が低周波の大きな振幅で振動します。管の気柱振動のモードを図5-48に示します。

### ❗ その対処法

弁体周りの流れが弁体の振動を誘発させないような弁体とその周りの形状を工夫します。図5-49は電中研の前記論文に出ているもので、付着流防止に効果のあった弁体断面形状です。その他の留意事項としては、

① 弁体、および付属品の固有振動数と配管の固有振動数、及び気柱固有振同数を離調させること。
② 弁体にかかる周期的な外力があるならば、その周波数と配管の固有振動数、および気柱振動数を離調させること。

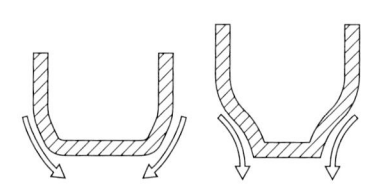

図5-49　付着流対策用弁

**関連知識**

　加減弁を通過する高速蒸気流で発生する音響の周波数と管壁の周方向振動モードの周波数と一致すると、管壁が図5-50に見るような高次音響モードと呼ばれるモードで共振をします。蒸気タービンの大口径の蒸気管の加減弁を絞り、弁部で超音速流になる時に起き、大きな騒音や振動を発生することがあります。高次音響モードの振動数は音速と蒸気配管の内径で決まり、振動数は数百Hz以上になります。

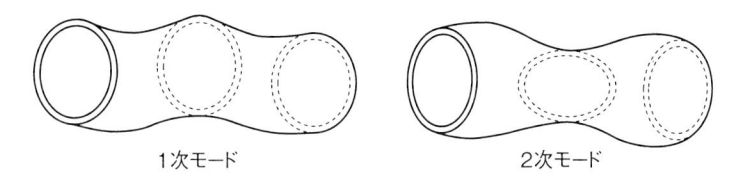

1次モード　　　　2次モード

**図5-50　高次音響モード**

# 8 カルマン渦によって起こる脈動

## ✗ どんなトラブルか

　1995年、動力炉・核燃料開発事業団（当時）の「高速増殖炉もんじゅ」の二次冷却系配管（流体：金属ナトリウム）に設置した温度計用ウェル（さや）が、後流にできる対称渦による振動で、コーナ部に疲労クラックが入り、金属ナトリウムが漏洩し、火災となる事故が発生しました。

## ? その原因は

　流れの中の円柱状構造物の後流に、流れの条件により、周期的にカルマンの渦が発生します。カルマン渦は左右交互にできる交互渦の呼称ですが、条件によって左右同時に対称渦ができることもあります（図5-51②）。渦が円柱から剥離する時、円柱にその反力が作用します。交互渦では渦

# 5 振動

のできるたびに流れ方向の力（その振動数は一対の渦のできる振動数の2倍）と流れ直角方向に交互に出る一対の力（その振動数は一対の渦のできる振動数）を受けます。対称渦では同時に出る一対の対称の渦が流れ直角方向の、向きが反対の力が互いを打消すので、流れ方向のみの力となります（振動数は一対の渦の振動数と同じ）。

カルマン渦の振動数 $f$ は、$S = f_w D/V$ の関係があります。

ここに、$S_t$：ストローハル数、$D$：円柱外径、$V$ = 平均流速、です。

カルマン渦剥離による振動数が円柱の固有振動数に一致した場合はもちろん、両者が近い場合にも、渦剥離振動数が円柱の振動数に同期してしまうロックインと呼ばれる共振が起きます。この共振は、流れ方向、流れ直角方向、いずれでも起こり得ます。また、カルマンの渦より低い流速で起きる対称渦により共振の起きることもあります。これら共振条件になっても、流体が気体のように密度の低い場合など、流動の特性によっては振動が抑制されます。

前記のもんじゅの温度計ウェルは、対称渦のできる周期とウェルの固有周期が同期してウェルが振動し、振動でウェルの細い径から太い径へ移行するコーナ部で高サイクル疲労により損傷しました。コーナ部の曲率半径が小さく、応力集中が緩和されなかったためです。

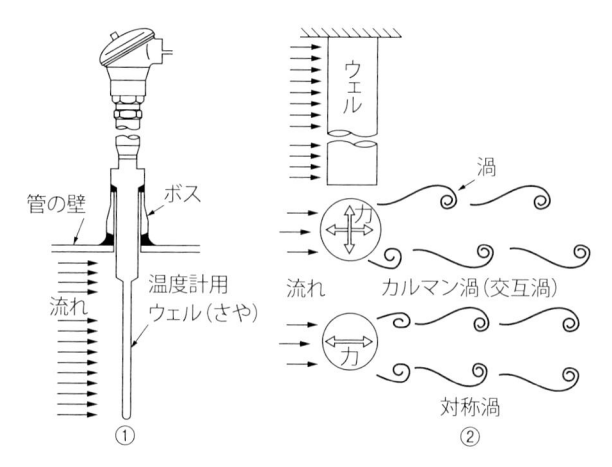

図5-51　円柱に生じるカルマン渦及び対称渦と円柱に働く力

## ⚠ その対処法

　流れの中の温度計(円柱状構造物)が、その後流の渦に対し共振を避けるには、**図5-52**の実線、および破線の下側にくるように設計をします。その評価方法については、日本機械学会発行「配管内円柱構造物の流力振動評価指針」を参照してください。またこのような高サイクル疲労に対しては、コーナ部の曲率半径を大きくとり、応力集中を低減させることも大切です。

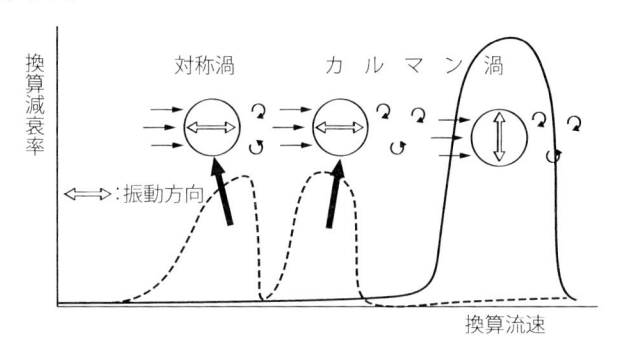

**図5-52　流速中の円柱の共振を避ける範囲の模式図**

# 9　振動によるナットのゆるみと脱落

## ✗ どんなトラブルか

　配管に生じた微小振幅の高周波振動のために、サポート部品であるクランプのボルトのナットがゆるみ、脱落しました。

## ❓ その原因は

　ボルト・ナットは据付時に適正なトルクで締められても、配管の振動

# 5 振動

第5章

や内部圧力の変動などがあるところでは、ボルトの引張力の変動が生じ易いため、経年的に緩みが生じ、ナットのゆるみや脱落などの問題を起こします。

### ❗ その対処法

ナットの緩みを止める方法は、2つのナットを使用してロックするダブルナット（図5-53）や、ボルトとナットに割りピンを通す溝付きナット、による方法などが一般的です。

ここでは、ダブルナットにつき説明します。ボルト軸力を受けるのは上側のナットなので、上側に厚い1種または2種のナットは使い、薄い3種ナットは使えません。下側のナットを締め付け、次に上側ナットを締めつけ、その後、下側ナットを逆に回してやることにより、上ナットと下ナットの接触面を更に強く締め付けることができ、緩みにくいナットになります。ダブルナットは形式を守ればよいというものではなく、締め付け順序と締め付け方がきわめて重要です。

ナットの回り止めには上記の他にも、くさび効果を利用したハードロック（商品名）など、さまざまな方法が考案され市販されています。

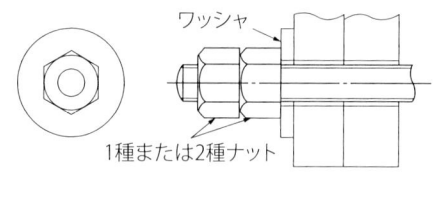

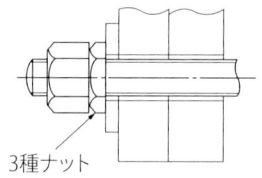

図5-53 ダブルナット

# 10 ポンプのサージングと配管系

### ⊗ どんなトラブルか

設計流量の辺りで運転している時は問題のなかったポンプが、流量を絞って運転したところ、流量が周期的に変動し、騒音を発するようになりました。

### ❓ その原因は

ポンプの吐出圧力や吐出量が周期的に変化する振動現象をサージングといい、このような運転は避けなければなりません。

サージングは次の3つの条件が揃うと起きます（図5-54①参照）。
①ポンプ揚程曲線が右上がりとなっている小流量域のところで運転。
②ポンプの出口管に水槽または空気だまりがある。
③水槽または空気だまりの出口側に流量調節弁がある。

図5-54②は、揚程曲線が右上がりのところで運転すると、なぜサージングが起きるかを説明しています。

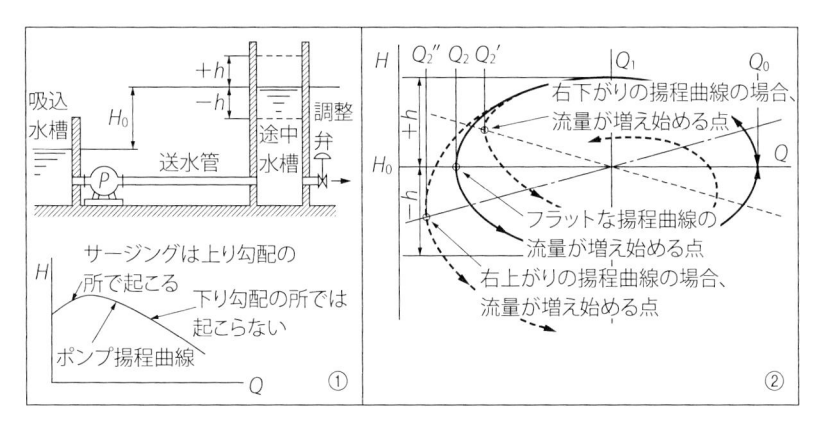

図5-54 サージングの起きる環境と起きるメカニズム

# 5 振動

## 第5章

同図において、

① 全揚程 $H_0$ のフラット（水平）な揚程曲線（実線）上の流量 $Q_0$ で運転しているとき、調節弁が絞られ、急に流量が $Q_1$ に減少したとする。水槽出口流量はこの後、$Q_1$ になるように制御される。

② 途中に開水面のある水槽があるため、ポンプは元の流量 $Q_0$ を送り出す。

③ 水槽前後の流量差のため、水槽の水位が上がるので、ポンプ出口流量が減り始め、その後、流量と揚程の軌跡は図5-54②の楕円（実線）の軌跡を描き始める。

④ ポンプ出口流量が $Q_1$ に達すると、水槽前後の流量差がなくなるので、水位上昇が止まり、最高水位となる。

⑤ 水位が $H_0$ より高いので、ポンプ出口流量は $Q_1$ よりさらに減少し続け、それに応じ、水槽水位は減り始める。

⑥ 水槽水位がポンプ全揚程の $H_0$ に戻る流量 $Q_2$ でポンプ出口流量の減少は止り、$Q_2$ は最小流量となる。

⑦ ポンプ出口流量は慣性を持ち、すぐには $Q_1$ に戻れないので、水槽水位は $H_0$ より更に減少を続けます。そのため、ポンプ出口流量は増加に転じる。

⑧ ポンプ出口流量が $Q_1$ に戻ると、水槽水位の減少は止り、上昇に転じる。

そして、①の状態に戻ります。このように揚程曲線がフラットな時は、流量は変動しますが、発散も収斂もしません。

右上がりの揚程曲線（一点鎖線）では、図5-54②のようにその最小流量 $Q''_2$ は $Q_2$ より小さくなり流量変動が発散。図5-54①の下に示す揚程曲線の右上がりから右下がりに移るピークのところまで発散し、その状態で変動を繰り返します。これがサージングです。

右下がりの揚程曲線（破線）では、$Q_1$ より流量が減った段階で、ポンプ揚程が $H_0$ より上っているので、最低流量 $Q'_2$ が、図5-54②に見るように $Q_2$ より大きくなり、最初の流量変動は時間と共に収斂に向かいます（本項は文献⑰を参考にした）。

## ❗ その対処法

　ポンプのサージングを防ぐ方法は、サージングの原因となる3つの条件の内1つでも取り去ることです。すなわち、

① 揚程曲線が右上がりになるところでは使わない。必要流量が右下がりに移行するピークとなる流量以下の場合は、この流量を最小流量とする再循環ラインを設け、ポンプは常に右下がりの揚程曲線上で運転するようにする。

② 水槽を設けず、また、空気だまりを作らない。

③ 流量調節弁は水槽や空気だまりの上流に置く。

などの方策を考えます。

---

### 山椒の実

**管サイズ**

　衣服や靴の「サイズ」がそれらの大きさを代表する寸法を指すのと同じように、「管サイズ」は管やバルブの大きさの代表寸法である呼び径を指します。管の外径は切りのいい数字ではないため、呼びにくいし、なかなか覚えられないので、呼び径で表す時は、外径を切りのいい数字にしたA呼称（mm系で、数字のあとにAを付けて呼ぶ）、またはB呼称（in系、数字のあとにBを付けて呼ぶ）が使われます。B呼称は石油・化学プラントで多く使われているようです。

　A呼称を100で割り4を掛けるとB呼称になります（ただし100A以上）。

例：600Aは6×4＝24B

**主な呼び径**

| 外径(JIS) mm | 呼び径 A呼称 | 呼び径 B呼称 | 外径(JIS) mm | 呼び径 A呼称 | 呼び径 B呼称 |
|---|---|---|---|---|---|
| 27.2 | 20 | 3/4 | 165.2 | 150 | 6 |
| 34.0 | 25 | 1 | 216.3 | 200 | 8 |
| 48.6 | 40 | 11/2 | 318.5 | 300 | 12 |
| 60.5 | 50 | 2 | 406.4 | 400 | 16 |
| 89.1 | 80 | 3 | 508.0 | 500 | 20 |
| 114.3 | 100 | 4 | 609.6 | 600 | 24 |

# 6 ウォータハンマ（水撃）

## 1 ウォータハンマはどんな原因で起こるか

### どんな原因で起こるか

　ウォータハンマ（水撃ともいう）はバルブ急閉、または、ポンプ起動による流れの弁体衝突などで流速が急減した時、流体の運動エネルギーが圧力に変換され、その圧力が流体中を伝播し、配管装置に水撃を与えます。また、バルブ急開あるいは、ポンプ停止で水柱分離を起こし、その後の水柱再結合などにより水撃を発生するものがあります。さらに蒸気凝縮ハンマや蒸気流が押し流すドレンによるハンマもあります。水撃の起こる原因を表5-5、図5-55にまとめました。

表5-5　ウォータハンマの起こる原因

| 流体 | バルブ・ポンプの作動 | | 流体の挙動 | 図 | 6章項目 |
|---|---|---|---|---|---|
| 水（液体） | バルブの急速 | 閉 | 水柱衝突 | ① | 6 1 |
| | | 開 | 水柱分離⇒再結合 | ② | 6 3 |
| | ポンプ | 起動 | 水柱衝突 | ③ | 6 2 |
| | | 停止 | 逆止弁急閉⇒流速急変 | ④ | 6 3 |
| | | | 水柱分離⇒再結合 | ⑤ | 6 3 |
| 2相流 | 蒸気凝縮 | | 水柱衝突 | ⑥ | 6 4 |
| 蒸気 | 蒸気流駆動ハンマ | | ドレンの衝突 | ⑦ | 6 5 |

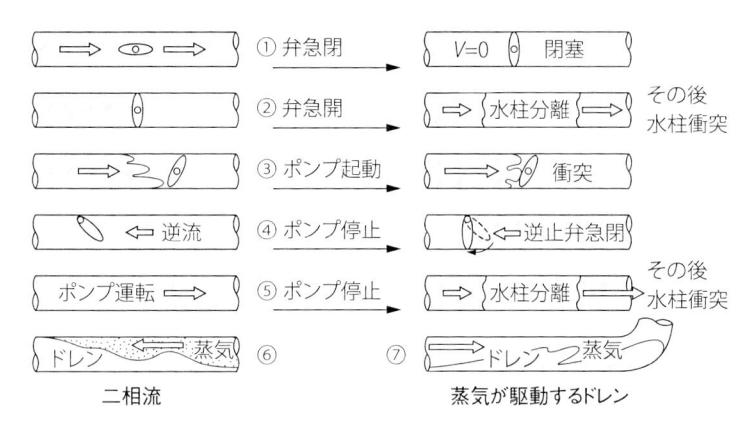

トラブル事例／配管エンジニアリング編

| | | |
|---|---|---|
| ① 弁急閉 | → | $V=0$ 閉塞 |
| ② 弁急開 | → | 水柱分離　その後水柱衝突 |
| ③ ポンプ起動 | → | 衝突 |
| ④ ポンプ停止 | → | 逆止弁急閉 |
| ⑤ ポンプ停止 | → | 水柱分離　その後水柱衝突 |
| ⑥ 二相流 | → | ⑦ 蒸気が駆動するドレン |

図5-55　ウォータハンマの原因、イメージ図

# 2　バルブ急閉によるウォータハンマ

## ✗ どんなトラブルか

【例1】　トラブルというほどではないが、レバーを少し動かすだけで全閉できるシングルレバー水栓器具（図5-56）や、ほとんど瞬時に全閉できる電磁弁を内蔵した家電製品などで弁が急閉

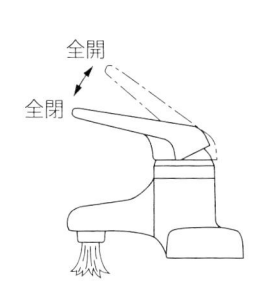

図5-56　シングルレバー

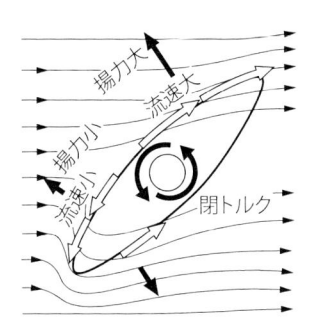

図5-57　弁体に働く閉止トルク

# 6 ウォータハンマ（水撃）

第5章

した時、「ゴン、ゴン」という音がすることがある。これは軽いウォータハンマを起こした音である。

**【例2】** バタフライ弁の弁体と弁軸を固定するキーが運転中に疲労で折損、中間開度にあった弁体はフリーとなったため急閉し、ウォータハンマによりバルブが破損された（**図5-57参照**）。

## ❓ その原因は

平均流速 $V m/s$ の流れが、下流にある弁の急閉により、瞬時に0になると、その流れがもっている運動量が圧力に変化します。その圧力波は閉止された弁体から、流体中を流体の音速で上流へ向かいます。管路上流に槽があれば、槽の入口で圧力波は反射して、下流へと向かい、全閉状態にある弁でまた反射します。反射のたびに圧力波は減衰していき、やがて消えます。このような、管路内流速の急変により発生する圧力変化をウォータハンマ、または水撃といいます。

弁が瞬時全閉した時、発生する圧力はJowkoskyの式と呼ばれる次の式で求められます。

$$\Delta H = CV/g \quad m$$

ここに、

$\Delta H$：上昇する圧力水頭 $(m)$、$C$：流体のその時の温度の音速 $(m/s)$、$g$：重力加速度 $(m/s^2)$、

また、弁が瞬時に全閉した急閉時のウォータハンマにより発生する力 $F$ は、

$$F = A\rho CV \quad N$$

ここに、$A$：管路の内断面積 $(m^2)$、$\rho$：流体の密度 $kg/m^3$

となります。圧力波の反射が弁に戻ってきた時、弁が全閉していれば圧力波の大きさは上記の、瞬時全閉の場合と同じですが、弁がまだ締め切っていなければ、全閉までの時間が長いほど圧力波は小さくなります。

## ❗ その対処法

閉止弁や絞り弁に対して圧力上昇を軽減させる方法に下記の方法があ

ります。

① バタフライ弁、ボール弁、プラグ弁など、レバーを90°回せば全開⇔全閉する「急開弁」ではなく、ゆっくり弁体が開閉する「緩開弁」を採用する。

ASME B31.1 Power Pipingでは、ウォータハンマ防止のため、ボイラのブローオフ管（注）に使用する弁に、全開⇔全閉に５回以上回す必要のある操作機構の弁を推奨している。

（注：配管や機器にたまった沈殿物を取り除いたりするため、断続的に運転される管）

② 全閉付近において閉鎖速度を遅くさせる機構の付いた弁の選択。
③ 流速を遅くする。
④ 逆止弁の場合、ポンプ停止により逆流が始まる前、正流の流速が弱まったところで、内蔵ばねなどにより強制的に弁を閉める逆止弁の選択。ただし、一般に常用時の圧力損失が大きくなる（６４のA参照）。例：スモンレスキ弁（商品名）。
⑤ アキュムレータなどを管路に設置、水撃圧力をタンク内の空気に吸収させる。
⑥【例２】のようにバタフライ弁の弁体がフリーになった場合、弁体は急閉するので水撃を発生する。絞り専用のバルブであれば、フェイルセーフ設計として、弁体の径を管内径より少し小さくして、全閉時に閉塞させない方法がある。

#### 関連知識

**バタフライ弁の場合、同心形であっても弁体がフリーになると弁が閉じる理由**
弁体が中間開度の時、図5-57の弁体上流の上向き流れは、下向き流れより流速が速い。ベルヌーイの法則より「流速の速い所は流速の遅い所より揚力が大きい」。したがって弁体の下流側も合わせ、弁体には閉方向トルクが発生します。

第5章

# 3 ポンプ起動による ウォータハンマ

## ⊗ どんなトラブルか

【例１】 冷却水系の縦型ポンプを、ポンプ出口弁を微開状態で起動したとたん、ポンプ出口弁のところでハンマを打った（図5-58①）。

【例２】 ポンプ停止時に落水する長い横引き管のあるポンプ－配管系において、ポンプ起動時にハンマを打った（図5-59①）。

## ? その原因は

【例１】 ポンプ起動時、ポンプからポンプ出口弁まで水が抜けた状態で、かつポンプ出口弁微開の状態でポンプを起動すると、バルブから勢いよく空気が抜け、その後を水が高流速で動き、曲がりや開きかけた弁体に激しくぶつかり、衝撃を与える。これもウォータハンマの１種である。

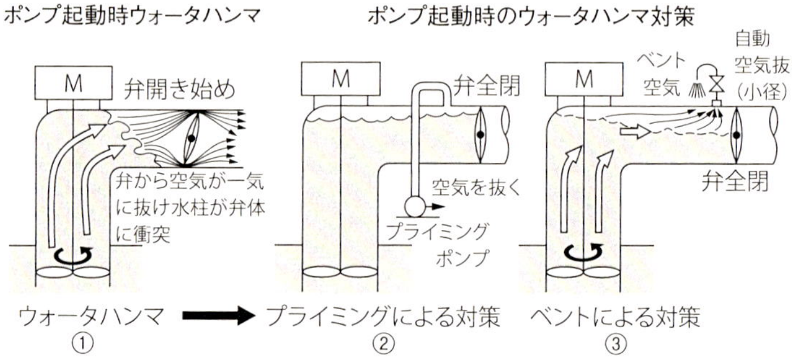
ポンプ起動時ウォータハンマ
ポンプ起動時のウォータハンマ対策
M
弁開き始め
弁から空気が一気に抜け水柱が弁体に衝突
M
弁全閉
空気を抜く
プライミングポンプ
M
ベント空気
自動空気抜弁（小径）
弁全閉
ウォータハンマ
①
プライミングによる対策
②
ベントによる対策
③

**図5-58　ポンプ起動時のウォータハンマとその防止策**

【例２】 ポンプ吐出の長い横引き管（下り勾配管を含める）があると、ポンプ停止時に、横引き管の水がすべて水槽へ落ちてしまい、ポンプ起動時、水が勢いよく横引き管を走り、エルボにぶつかってハンマ現象を起こす。

## ❗ その対処法

【例1】 停止時にポンプ出口に水のないポンプを起動する方法は、水を満たし、空洞部分をなくしてから起動するのが建前で、プライミングポンプで空気を吸入し、負圧にして水を張り込むのがよい（図5-58②）。そのような装置がない場合、ポンプ出口弁は全閉で、小さな自動空気抜き弁（ベント弁）をポンプとポンプ出口弁の間に設け、空気を緩慢に水と置換しつつ排除し、水の流速を抑える（図5-58③）。

【例2】 対策は、横引き管の末端に止め弁を設け（図5-59②）、ポンプ停止前にこのバルブを全閉すれば落水を防げる。起動時はポンプを起動してから、このバルブを開ける。しかし、停電時にはポンプ停止前にバルブを閉めることができないので、落水してしまう。そのような時には、【例1】の自動空気抜き弁を使った要領で、横引き管に水が満水した状態で、末端の弁を徐々に開ける。

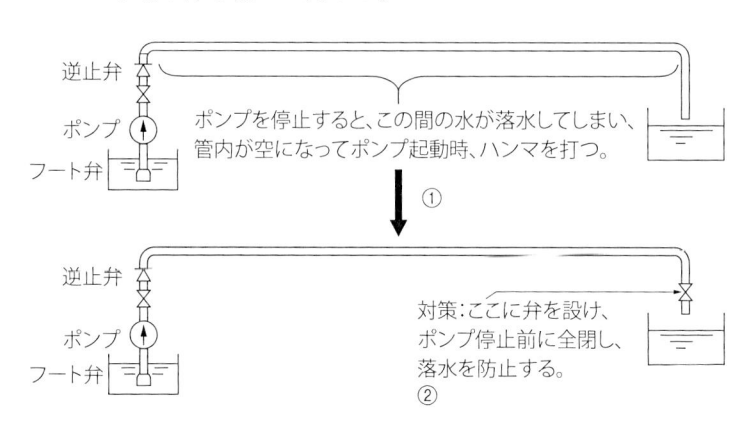

**図5-59 落水するパイプのウォータハンマ**

### 関連知識

微小開度のバルブを空気が抜けて起きる水撃は**図5-60**のように、ポンプがなくても起こります。何らかの原因で、閉じたバルブの上流側（図でバルブの下側）

# 6 ウォータハンマ（水撃）

第5章

に空気溜まりがあり、両側の水柱間に水頭差がある時、バルブを開き始めると、滞留した空気が急速に抜け、水頭差で水柱が急速に移動し、開き始めた弁体に衝突しハンマを打ちます。このような可能性のある時は、バルブに小口径のバイパス弁〈上の例の自動空気抜き弁に相当〉またはベント弁を設け、主弁を開ける前に、バイパス（またはベント）弁でゆっくり空気を抜いてやります。

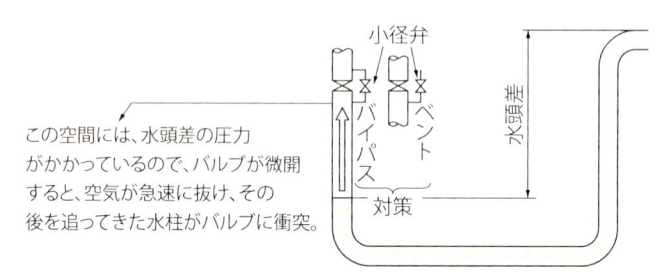

この空間には、水頭差の圧力がかかっているので、バルブが微開すると、空気が急速に抜け、その後を追ってきた水柱がバルブに衝突。

**図5-60　水頭差で起きる水撃**

## 4　ポンプ停止によるウォータハンマ

### ❌ どんなトラブルか

非常に長い送水管が運転中、停電でポンプが急に停止しました。その後、大きなウォータハンマを経験しました。

### ❓ その原因は

ポンプ停止時に発生するウォータハンマの発生メカニズムは次のように2種類あります。

**A：ポンプ出口逆止弁急閉によるウォータハンマ**

ポンプが停電で止まり、ポンプ出口弁は開いたままとします。ポンプは暫く慣性で正回転を続けますが、回転速度は弱まっていきます。ポンプ付近の送水管内の水は当面前進しますが、やがてポンプへ向かって逆

流を始め、流速は加速していきます。ポンプ出口の逆止弁の閉鎖が遅れて、流速が速くなった時点で急閉すると、流れが弁体で急激にせき止められるため、ウォータハンマを起こします。

**B：水柱分離した水が再結合する時に発生するウォータハンマ**

このタイプのウォータハンマの起こるメカニズムは次のとおりです（図5-61参照）。

① ポンプが停電で止まると、Aで記したようにポンプ近くの送水管内の水は前進するが、ポンプの回転速度に合わせ流速が落ちていく。一方、ポンプから離れた送水管の水は慣性で今までの流速で流れようとする。

② ポンプ付近の水とポンプから離れたところの水との間に速度差を生じ、その中間域において、水柱が分離されるような力が働いて圧力が下がる。その水温の飽和蒸気圧まで圧力（一般に負圧）が下がると、フラッシュが始まる。

③ 水中に空間ができる。これを水柱分離という。温度の高い方が飽和蒸気圧力が高くなるので、水柱分離を起こしやすくなる。

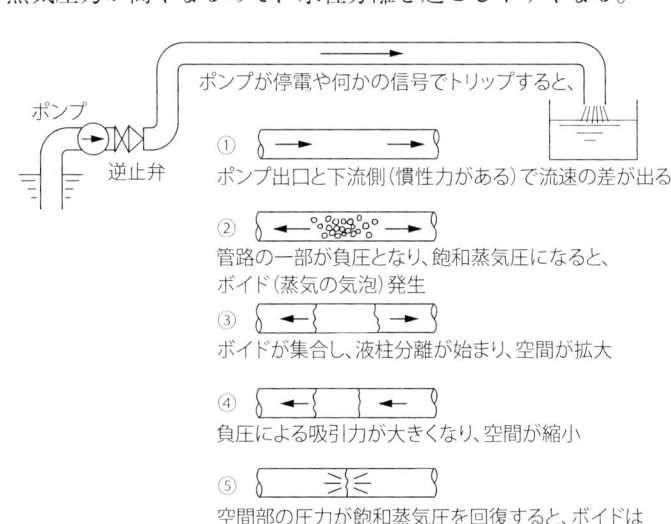

**図5-61　水柱分離で起きるウォータハンマ**

## 6 ウォータハンマ（水撃）

④水柱分離した空間が広がるにつれ、空間の圧力が低下し、外側の大気圧と差により、分離した水柱を吸引する力が働く。外側へ向かう慣性力より内側へ向かう吸引力が勝ち、水柱は接近をはじめ、空間の圧力が回復し、飽和蒸気圧に達すると、

⑤蒸気が凝縮、一気に空間が潰れ、水柱同士が衝突、水撃が発生する。この種の水撃は一般に、ポンプ出口に立上がり管があり、その後、水平の管路が長く、流速が比較的速く、管末端が開放されている配管で起きやすい。

### その対処法

この種の水撃の軽減策として、Aの逆流で逆止弁急閉による水撃対策としては、ポンプ出口の逆止弁は逆流が始まったら、逆流流速が速くならないうちに、できるだけ早く閉めます。ただし、全閉直前はゆっくり閉めた方が、流速変化による圧力上昇が抑えられるので、その種の機能をもったダッシュポット付逆止弁の採用も考慮します。

Bの、水柱分離を起こさせない対策としては、

①ポンプにフライホイール（慣性車輪）をつけ、できるだけ長くポンプを正回転し続けさせ、ポンプ付近の正流を長びかせて、流れをゆっくりと止める。

②サージタンクを設け、水柱分離しようとする時、タンクより水を供給して分離しないようにする。

③ポンプ出口近くに空気弁を設け負圧になったら空気を供給し、水柱が分離したままにする（水柱再結合させない）。

④管内流速を遅くする。

⑤配管を低めのレベルに設置する（負圧になり難くする）。

### 関連知識

管路の末端近くの弁を急開した時も、同じようなメカニズムで弁の上流で負圧を生じ、場合によっては水柱分離することがあります。

# 5 蒸気凝縮による ウォータハンマ

### ✗ どんなトラブルか

　図5-62に見るように、左下がりの1/500のわずかな勾配がついた10Bの蒸気送気配管の左方に隔離弁A、右端に隔離弁B、そして、隔離弁Aの右手に送気蒸気の分岐管およびスチームトラップと排水弁Cが設置されています。停止中の配管（図5-62①）を、サブクール（その圧力の飽和蒸気温度よりも冷えること）したドレンが多量に残っていることを知らず、起動するためウォーミングを始めました。排水のため小弁Cを開け、蒸気を入れるため隔離弁Bを開け、暫く経ってから隔離弁Aを微開したところ、C弁付近で大きなハンマが起き、鋳鉄であったA弁が破壊され、蒸気とフラッシュした水が噴き出しました。

### ? その原因は

　このハンマの起きるメカニズムを図5-62②に示します。蒸気源のある右方（B弁側）から入って来た蒸気は、サブクール水に接して冷やされ、また管壁を通して大気に放熱し、凝縮して水になるので、右方からどんどん蒸気が流れ込みます。流れ込む蒸気などにより水面に波が立つと、波の頭と管壁との隙間が狭まるので、蒸気の流入速度が上がり、ベルヌーイの定理で静圧が下がり、波の頭が引き上げられ、管壁にくっつきます。すると、その左側に蒸気のポケット（密室状の空間）ができ、その蒸気が冷やされ凝縮して水になると、ポケットであった部分を水が一気に押し潰し、水塊同士が激しくぶつかりハンマを起こします（図5-63）。このようなハンマの起こり方を「蒸気凝縮ウォータハンマ（Steam Condensation-Induced Waterhammer）」といいます。

　蒸気凝縮ウォータハンマの大きさは、①蒸気圧力の高いほど激しい、②サブクール度（水の温度とその圧力の飽和温度との差）の大きいほど

## 6 ウォータハンマ（水撃）

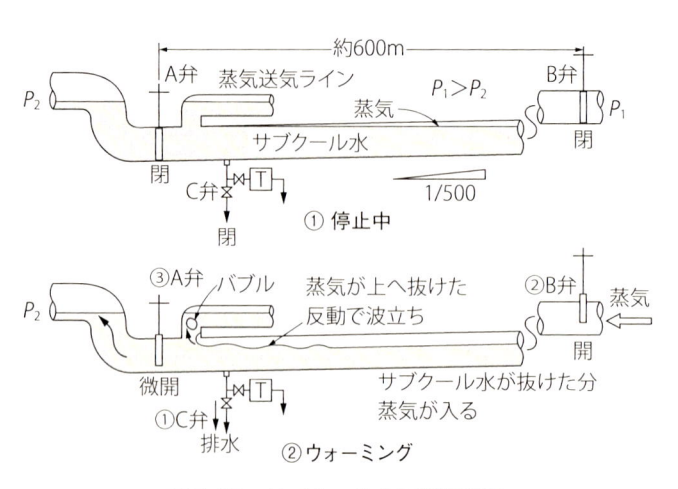

図5-62　サブクール水に蒸気流入

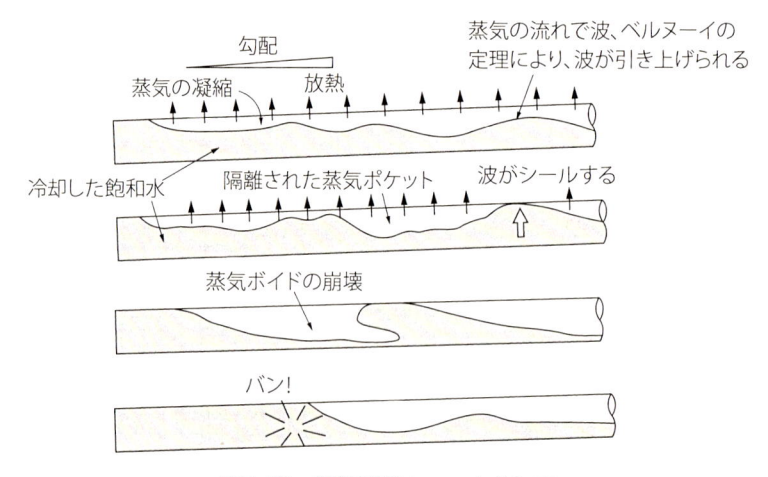

図5-63　蒸気凝縮ウォータハンマ

激しい、③ボイドのサイズが大きければ激しい、④ボイドの中に非凝縮ガスが存在すれば緩和されます。

### ❗ その対処法

　圧力をもった蒸気がサブクール水と接触している場合は不安定で、ハンマ発生による管破裂の危険性を秘めています。その蒸気の一部（蒸気

ボイド）がサブクール水に取り囲まれた時に蒸気凝縮ハンマが起ります。

　実験では、蒸気の流れ方向に24分の1以上の下り勾配のあるパイプでは蒸気ボイドを取り囲み難いことがわかっています。したがって、サブクール水と蒸気が混在する、あるいはその可能性のある配管は、水平や緩い勾配の配管にならないようにします。

　その他、運転・操作上の注意事項としては、
　①完全にドレンが切ってあることが絶対でなければ、冷えた蒸気配管に蒸気を送気することに慎重であること。
　②サブクール水を蒸気の入っているラインに流入させることは、蒸気をサブクール水に送気するより危険であること。
　③圧力をもった蒸気ラインにサブクール水が入っている場合、水を抜こうとしないこと。まず蒸気が入るのを止め、それから水を抜く。もし排水弁を開け、ハンマを打ったら、排水弁を閉め、蒸気が入るのを止める。蒸気を止めるまでハンマを打ち続けるかもしれない。

### 》》参考文献

以上は、文献：Steam Condensation Induced Waterhammer、Wayne Kirsner P.E. HPAC 1998年1月号、の記事を参考にしました。

### 関連知識

　一般に、飽和蒸気と飽和水の混在する配管は、両者が同じ飽和温度なので、熱のやりとりがなく、際立った凝縮ハンマは起こりません。しかし、図5-64のように通常は飽和蒸気と飽和水の混在であっても、流入する飽和蒸気の圧力が何らかの原因で過渡的に下がった場合、飽和蒸気の性質として飽和温度も下がります。管内には元の高い温度の飽和蒸気が残っており、新たに管内に入ってきたそれより低い飽和水に接触すると、蒸気凝縮ハンマを起こす可能性があります。
図5-64では、ドレンタンク水位が勾配管の途中のレベルと一致しており、勾配管に常に水面ができ、蒸気が籠りやすい状態にあります。

## 6　ウォータハンマ（水撃）

第5章

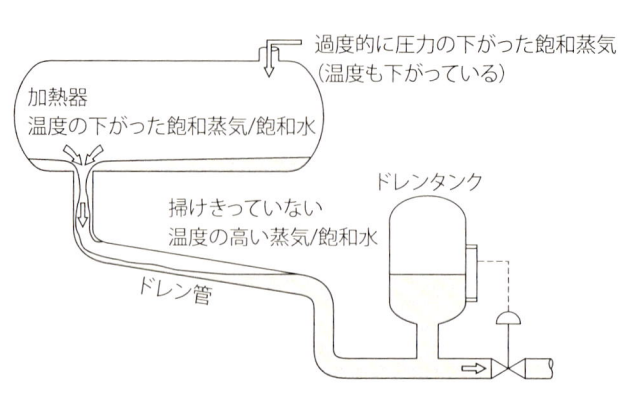

図5-64　水面のできる勾配配管における過渡的現象

# 6　蒸気流駆動ハンマ

### ⊗ どんなトラブルか

安全弁が吹いた時、放出管がハンマを打ったように激しく振動しました。

### ? その原因は

日本で、「スチームハンマ」というと、一般に蒸気暖房のラジエータや、それにつながる配管で起きるハンマ現象を指すことが多いようです（この原因は蒸気凝縮ハンマの範疇に入ると考えられます）。

ここで取上げるハンマは、同じく蒸気管で起きるハンマですが、蒸気流によってドレンが高速で動かされ、エルボなどの曲がり部に衝突して起こるハンマで「蒸気流駆動ハンマ」（steam flow driven hammer）と呼ぶべきものです（日本でも外国でも確定した名称はないようです）。

安全弁や逃し弁の放出管は、特に流体が気体の場合、音速近くの高速で流れるため、方向変換する曲がりのところで運動量変化に伴う力が発

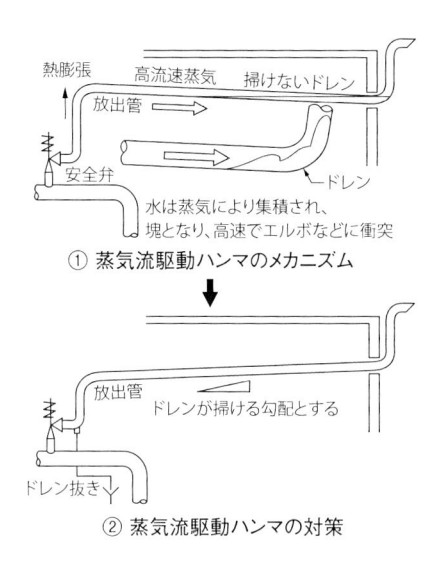

図5-65 滞留ドレンによる蒸気流駆動ハンマ

生し、問題のない配管においても一時的にかなり振れることがあるので、適切な配管の拘束が必要です。

もしも、放出管の一部にドレンが抜けないようなところがあり、その状態で安全弁が作動すると、高速の蒸気がドレンを引き浚っていき、ついに高速の水塊となって、エルボの壁などに衝突し大きなハンマ現象を呈します（図5-65①）。

### ❗ その対処法

上記の理由により、流体が気体である安全弁などの放出管はドレン勾配をつけ、ドレンだまりができない設計としなければなりません（図5-65②）。安全弁の一次側配管の熱膨張により、運転時に逆勾配になってドレン溜まりができることもあるので注意を要します。やむを得ずドレン溜まりになるところには、常時バルブを開けておくドレン抜きを設けるか、あるいは錆びによる詰まりを防ぎ、誤操作を避けるため、弁を付けずにおき、ドレン出口を人が行かない安全な所へもっていきます。

# 6 ウォータハンマ（水撃）

第5章

### 関連知識

　常時運転する、あるいはプラントの起動・停止時に必ず運転するような、蒸気あるいは凝縮性ガスのラインの場合、ドレンポケットが避けられない場合はドレンが溜まる箇所を決め、そこに積極的にドレンを集め、排出する方法をとります。すなわち、①配管にドレン勾配をとり、②その一番低い所に、できるだけ太く、かつ適度に深いポットを設け、③底部付近にトラップとそのバイパスラインを設け、自動的にドレンを排出、④さらにバックアップとして、ドレンポットにレベルスイッチを付け、水位高で開くオン・オフ弁を設置することもあります（図5-66参照）。

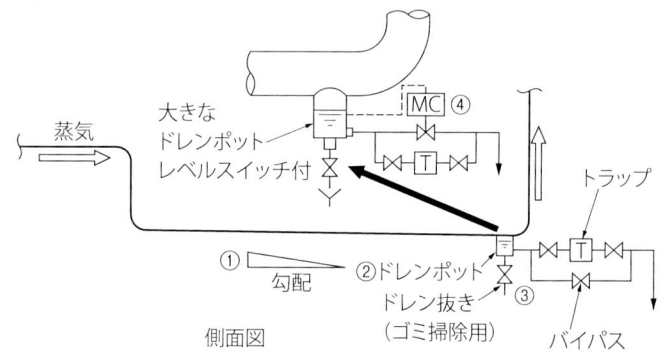

**図5-66　ドレンポケットのドレン排除**

### 山椒の実

**異物災害**

　痛みを訴える人の患部を切開したら、以前手術した時の手術用鋏（はさみ）が出てきたという話を聞いたことがありますが、定期点検工事後の試運転で、配管が原因不明の閉塞状態になり、分解したら、管内から工具やウエス（機械器具類の清掃に用いられる布切れ）が出てきたという話は、比較的よく聞く話です。

　河島信樹 著「トラブル・シューティング」（テクノライフ選書、Ohmusha）には次のような話が紹介されています。「スペースシャトルを打ち上げるケネディ宇宙センターのたくさんの場所に『FODをなくそう』というポスターが貼られていた。FODとはForeign Object Disaster　の頭文字で、本来入ってはならないものの混入を如何にして少なくするかというキャンペーンである。」

　「異物災害」の異物には、作業者などが不用意にポケットから機器内に落としてしまう異物もあります。設計担当であった筆者も現場に入る時は、ポケットになにも入れるなとよく注意されたものです。

# 7 熱膨張と相対変位

## 1 運転モードが複数ある系のフレキシビリティ評価

### ✗ どんなトラブルか

図5-67に示すように、2台の反応器A、Bから槽Cへ送液する系統に3通りの運転モードがあります。その系のフレキシビリティ解析を行った際、3つのモードに対し、おのおの配管熱膨張応力範囲を計算し、3つモードの応力範囲を比較し、その最大の応力範囲をもって、この配管系の計算熱膨張応力範囲SEとしました。

### ? その原因は

配管フレキシビリティ解析において、複数の運転モードがある場合、慎重に最大の熱膨張応力範囲を見極める必要があります。上記のように、各モードの応力範囲を抽出し、それらの応力範囲を比較し、その中の最大の応力範囲をもって、この配管系の応力範囲とするやり方は正しくありません。なぜなら、あるモードの応力範囲と別のモードの応力範囲を組み合わせた応力範囲が最大の応力範囲になる可能性があります。

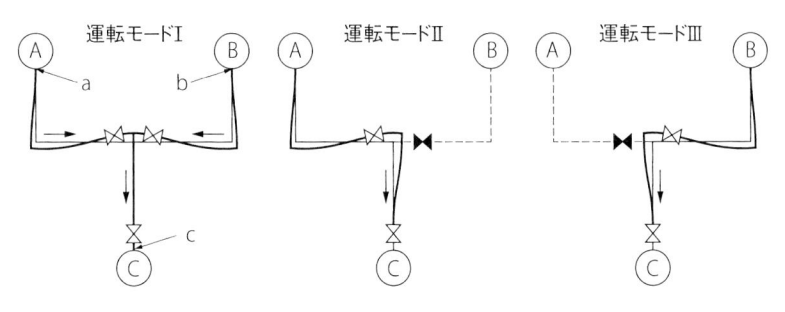

図5-67 3つの運転モードがある場合

## 7 熱膨張と相対変位

第5章

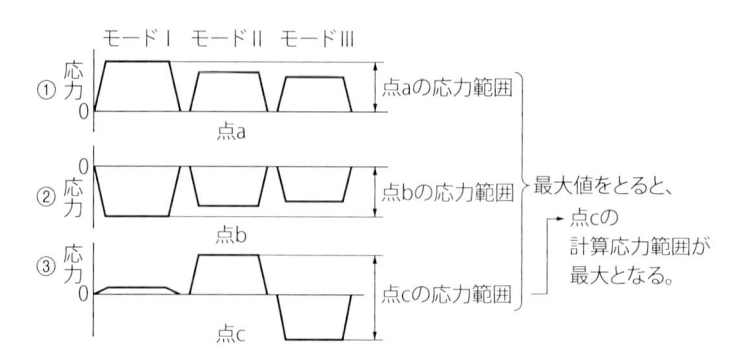

図5-68　最大となる応力範囲の評価方法

　**図5-68**の図で説明します。同図①のように、点aにおけるモードⅠ、モードⅡ、モードⅢの応力範囲を横並びに画きます。そして、モードⅠ～Ⅲをスルーした応力範囲を求めます。この値が点aの計算応力範囲となります。次いで、点b、点cについて、同じようにモードⅠ、モードⅡ、モードⅢの応力範囲を横並びにし、モードⅠ～Ⅲをスルーした点b、点cの計算応力範囲（同図②、③）を求めます。したがって、点a、点b、点cのモードⅠ～Ⅲをスルーした計算応力範囲の最大値である点cの応力範囲がこの配管系の求める計算応力範囲となります。

　冒頭の「どんなトラブルか」で記した方法だと、モードごとに、点a、点b、点cの応力範囲の最大値を各モードの計算応力範囲とし、それらの最大値をこの配管系の求める計算応力範囲としますから、図5-68の点aまたは点bの計算応力範囲が求めるものとなり、正しい値よりだいぶ小さく評価してしまうことになります。

### ❗ その対処法

　複数の運転モードがある時は、系のすべての点につき、点ごとにすべての運転モードをスルーした計算応力範囲を求め、求めた各点の計算応力範囲の中の最大の応力範囲が、この系の求める計算応力範囲であり、許容応力範囲と比較すべきものです。

# 2 要注意、小径枝管の熱膨張

## どんなトラブルが起きるか、そしてその原因

小径管の熱膨張に関連するトラブル事例として、次のようなものがあります（図5-69参照）。

【例1】 配管熱膨張により配管が隣接する他の配管、機器、架台、柱・壁等建築躯体などと接触し、当該配管や被接触物を破損。

【例2】 母管と、母管に拘束された枝管の間に温度差があり、そのため生じる両者の伸び差による変位に対し、小径配管のフレキシビリティが不足し、低サイクル疲労でクラック、場合によっては破断をまねく。

【例3】 熱膨張する容器や母管に取り付けられる小径管用ボスと小径管の第1サポート（ボスから見て、最初のサポート）間の位置が近すぎて、容器・母管の伸びを小径管で吸収できず、管、あるいは小径管のサポートの変形や破損をまねく。

## その対処法

【例1】 このトラブルを避けるには、配管レイアウトを計画する時、保温のある配管は保温外径で検討する。そのため、各ラインの保温厚さは配管レイアウトの計画をスタートする前に決めておく。配管と隣接するもの、あるいは管とのクリアランスは原則100mm以上を目安とするが（現場周溶接などがある場合は第6章21参照）、それにさらに配管の伸び方向と伸び予測値を考慮に入れて、配管レイアウトを進める。

【例2】 このトラブルは、異なる熱膨張の動きをする母管の間を渡す小径管、たとえばバランス管やドレン管などで起きる。小径管は一般に太い母管に比し剛性が小さいので、母管の

## 7 熱膨張と相対変位

第5章

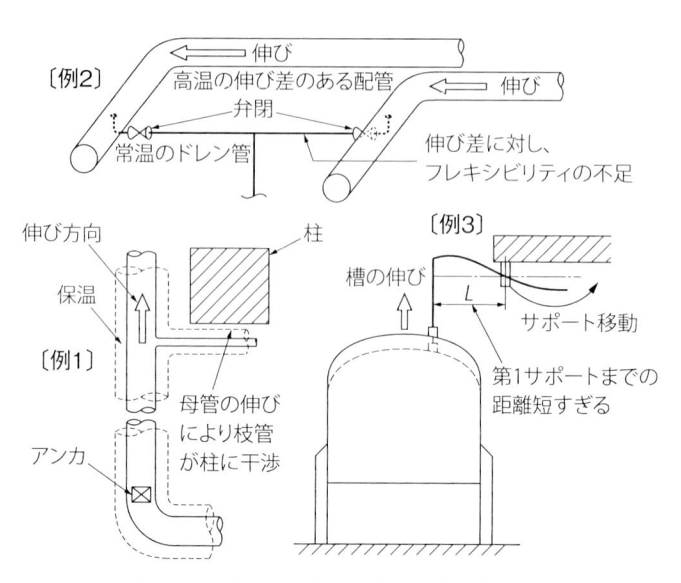

**図5-69 配管熱膨張による小径管のトラブル**

　　伸び差を小径管側で吸収させられる。したがって、小径配管は、母管側との伸び差を勘案し、それを吸収できるフレキシビリティのある配管ルートにしなければならない。

【例3】熱膨張で伸びる母管または容器のボスに接続する小径管は、母管や容器の伸びを、ボスと、その伸び方向と直交して走る小径管を最初に固定する第1サポート間の管で吸収しなければならない。ボス～第1サポート間の妥当な距離$L$は、伸び量$\Delta$に依存し、概略、$L=\sqrt{3D\Delta E/S}$ で求められる。ここに、$D$：管外径、$\Delta$：伸び量（小径管の走る方向と直角の方向）、$E$：縦弾性係数、$S$：許容熱膨張応力範囲。

　　参考文献②では、この式の、$E$、$S$に適切な値を代入、$L=77\sqrt{D\Delta}$ の式で与えている。

### 関連知識

　上記【例3】のケースは地震時の相対変位に対する対策と類似しています。すなわち塔槽類や架構が地震時に揺れにより、サポートや機器ノズルが変位する時、配管に過大なひずみが生じないように、高圧ガス設備等耐震設計基準ではサポート間の相対変位量Δに応じてサポートとサポート（あるいは配管用ボス）との間隔Lを、次式で得られる値より大きくするよう求めています。

$$L = \sqrt{D \Delta E / 0.67 S_y}$$

ここにSyは降伏応力、他の記号は上記【例3】の記号と同じ。

## 3　フレキシブルメタルホースの経年後の干渉

### ❌ どんなトラブルか

　屋外のタンクと配管の取合部には、タンクの不等沈下に備え、フレキシブルメタルホース（以下、フレキの略称を使用）が設置されていましたが、タンクの沈下によりフレキがその下部にある配管と干渉したため、円滑な変形ができなくなり、フレキのタンク側フランジに無理な力がかかり、フランジ部から漏洩しました（図5-70参照）。

### ❓ その原因は

　液体の危険物を貯蔵または取扱うタンクと配管の接合部分には、地震・地盤沈下などによる損傷被害を防止するため、"消防危第20号"などの関係法令により評定された可撓管継手（フレキシブルメタルホース、ユニバーサル式伸縮管継手）を使用するよう求められています。

# 7 熱膨張と相対変位

第5章

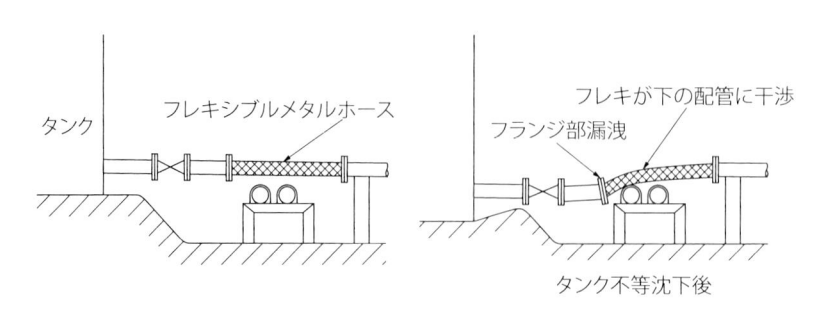

図5-70　フレキシブルメタルホースと他の配管との干渉

### ❗ その対処法

　フレキを計画する時には、最大予想沈下量を想定し、それに見合う許容変位量（フレキの長さに関係あり）のフレキを選択するだけでなく、地盤沈下後も周囲にフレキと干渉するものがないことを確認して、その設置を計画しなければなりません。

　なお、フレキは内圧により発生する推力を波型チューブを覆うブレードにより支えるため、軸方向にほとんど伸びず、変位は曲げの組合わせにより吸収します。そしてチューブ保護のため最小曲げ半径が決められているため、許容変位量を大きくするには、フレキの面間長さを長くします。

　地盤沈下のように、変位方向が1方向と決まっている場合は、**図5-71**のようにオフセット（コールドスプリングともいう）をとることにより、最大予想沈下量の半分の変位吸収能力のフレキを使うことができます。ただし、ドレン排出方法に注意する必要があります。

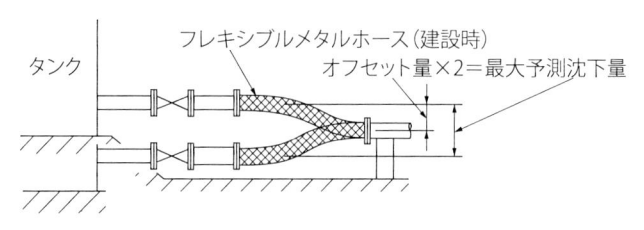

図5-71　フレキシブルメタルホースにオフセットをとる

**関連知識**

**フレキシブルメタルホース使用時の注意事項**

　フレキの軸方向の伸縮は、一般にフレキをΩ状にたるませて使います。フレキの軸と直角方向の移動はフレキの2回の曲げにより行います。主な注意事項を図5-72に示します。

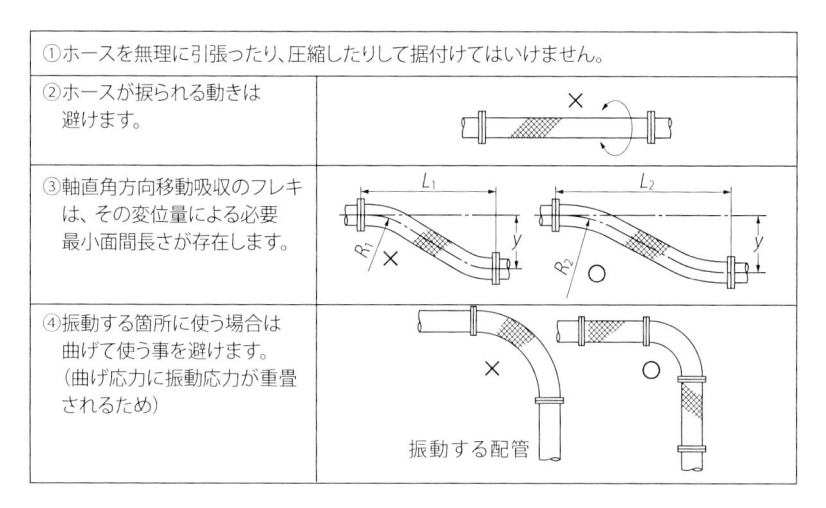

| ①ホースを無理に引張ったり、圧縮したりして据付けてはいけません。 ||
|---|---|
| ②ホースが捩られる動きは避けます。 | |
| ③軸直角方向移動吸収のフレキは、その変位量による必要最小面間長さが存在します。 | |
| ④振動する箇所に使う場合は曲げて使う事を避けます。（曲げ応力に振動応力が重畳されるため） | |

　　　　図5-72　フレキシブルメタルホース使用上の注意

# 4　ボウイングという配管の変形

## ❌ どんなトラブルか

　常温の状態にある配管に極低温の液化天然ガス（LNG）を通したところ、パイプが上側に凸に弓なりに変形し、その影響でサポートも変形してしまいました。

139

## 7 熱膨張と相対変位

第 5 章

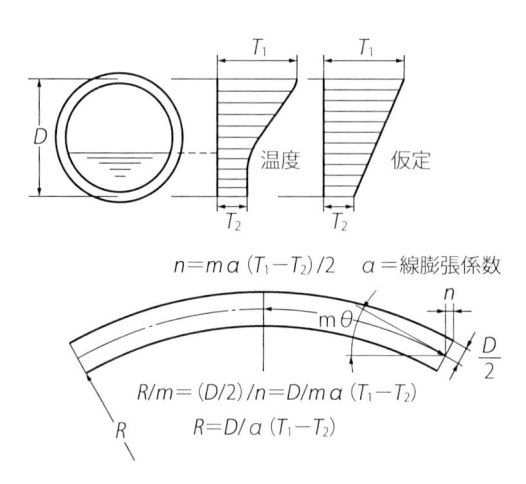

$n = m\alpha(T_1-T_2)/2 \quad \alpha=線膨張係数$

$R/m = (D/2)/n = D/m\alpha(T_1-T_2)$

$R = D/\alpha(T_1-T_2)$

**図5-73　ボウイングによる管の変形**

### ❓ その原因は

配管が上下温度差により弓なりに反る現象をボウイングといいます。

常温の配管に液化天然ガスを通すと、液の上側を液体より温度の高いガスが流れ、管の流路断面の高さ方向に温度勾配（上方が温度高く、下方が温度低い）ができます。そのため、断面上方の管の壁は下方の壁より管軸方向に多く伸び、管は上方を凸に弓状に反り返り、管を上下に固定しているサポートやレストレイントには上向きの大きな力が働き、管には曲げ応力が発生します。そのためサポートや管が変形します。またフランジ部に生じる曲げモーメントにより、漏洩を起こすことがあります。

高温側（管の上面）温度を$T_1$、低温側（管の下面）温度を$T_2$とし、温度勾配は直線状に変化すると仮定した時の、管が弓なりになる管の曲率半径$R$は**図5-73**の式で計算できます（参考文献②）。

### ❗ その対処法

このようなケースでは、極低温流体を流す前に、低温のガス（プレクールガス）を発生させる設備を用いてプレクールを行ない、管と内部にある気体の温度を下げておきます。ただし径が小さく、熱伝導により上

下温度差が大きくない配管の場合は、この限りではありません。

　ボウイングは極低温流体に限らず、水でも気体でも、温度の異なる流体が合流して、温度的に二層に分かれて流れる（その場合、必然的に高温側が上に、低温側が下にくる）場合に起きます。このような場合は、温度の異なる層が分かれないように流体が混合する工夫を講じます。

**関連知識**

　ボウイングは温かい流体と冷たい流体がゆっくり混じる場合にも起きます。停滞している冷たい流体が存在する領域に温かい流体がやってくると、温かい流体は密度の関係で冷たい流体の上に入り込んでいきます。その結果、ボウイングが起こります（**図5-74**）。

　また、直射日光を受ける静止した水管は、管の上部の温度が高くなるので、ボウイングが起きることがあります。

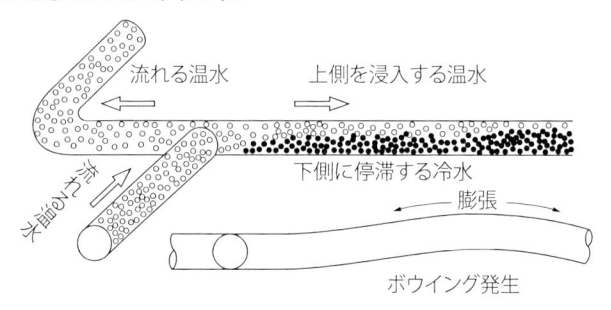

**図5-74　冷水と温水の層によるボウイング**

# 5　熱膨張差で起きるフランジ締結部の漏洩

### ✗ どんなトラブルか

　フランジのボルトによる締結部は、昇温や降温時の温度変化する時、ボルトとフランジの材質の違いによる伸び差に起因して、ガスケットの

## 7 熱膨張と相対変位

第5章

面圧が低下して、流体が漏れるトラブルが発生することがあります。

【例1】 高圧高温蒸気のフランジ部は、フランジ材質は低合金鋼（2.25Cr、1Mo鋼）、ボルト材がオーステナイト系ステンレス鋼だったが、運転温度に達した後、漏洩が始まった。

【例2】 内部流体が急に温度降下した際、フランジ部から漏洩した。

### ❓ その原因は

【例1】 フランジ材の低合金鋼（2.25Cr-1Mo鋼）は熱膨張伸び率 $10 \sim 11 \times 10^{-5}$、ボルト材のオーステナイト系ステンレス鋼 $16 \sim 17 \times 10^{-5}$ で、ボルトがフランジより伸び率が高いため、常温における締結時に所定のガスケット締付け面圧が得られても、昇温時はボルトの伸びがフランジの伸びより大きいので、ボルト締付力が低下し、シールに必要なガスケット面圧を割り込み漏洩にいたる。

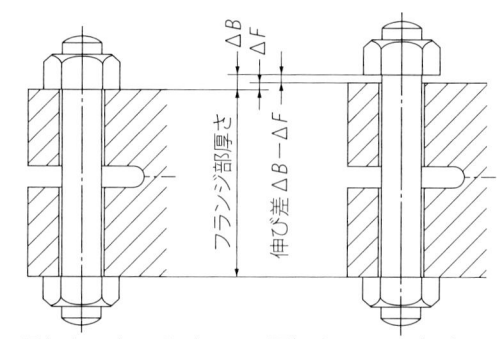

ΔB：運転時のボルト伸び
ΔF：運転時のフランジ部伸び

運転時のフランジ・ボルトが
ΔB＞ΔFの場合、ボルトが緩む

**図5-75　フランジ、ボルトの伸び差**

注：**図5-75**はボルトに応力が掛かっていない状態として、ボルトとフランジの伸びの差を模式的に示します。

【例2】 内部流体が急激に温度降下する配管のフランジ部内側は、急冷

する流体と直接接触している。一方フランジボルトは流体から距離を置き、かつフランジとのメタル接触が限定的であるため、ボルトはフランジより遅く冷えて収縮するのでガスケット面圧が低下、漏洩しやすくなる（**図5-76**）。

いずれの場合も、ボルト長さが長くなると、伸び差の絶対量が増えるので、漏洩の危険性が高くなります。

### ❗ その対処法

【例1】 フランジ部のボルト材は、フランジ材の伸び率と同等の伸び率の材料を選ぶ。ボルト材伸び率＜フランジ材伸び率の場合は、温度上昇時、締まり勝手になるのでシール性はよいが、運転時に面圧が過大にならないか検討することが必要である。

【例2】 このような急冷ラインのフランジ部漏洩対策としては、ボルト材に高強度材を採用し、初期締付け力をボルト、フランジの強度上問題ない範囲まで高め、急冷時にも必要締付け面圧が確保できるようにする。

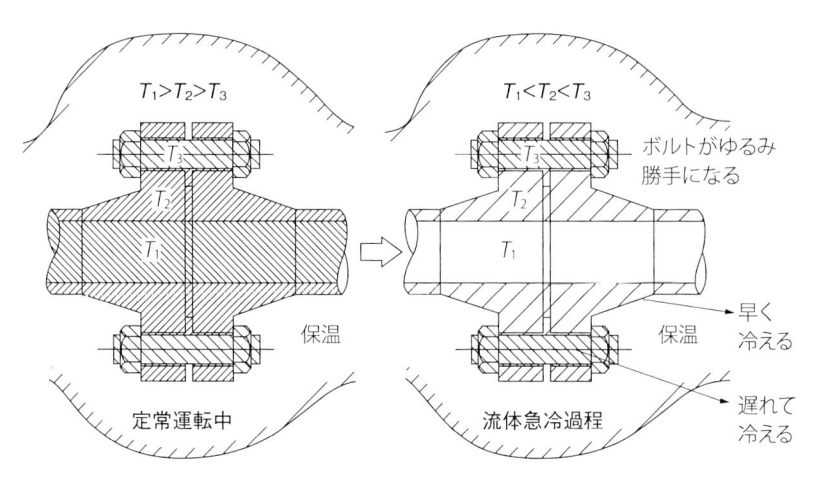

図5-76　急冷時のフランジ各部の温度変化

# 8 劣化・疲労

## 1 急冷で起きる熱衝撃

### ✕ どんなトラブルか

【例1】 高温蒸気管のドレン管に溜まった冷えたドレンが、蒸気管の圧力降下によりフラッシュし、吹き上げられたドレンが蒸気管壁に接触、局部的に急冷。これが繰返され熱衝撃を起こす（図5-77参照）。

【例2】 蒸気主配管停止中のバックアップラインである補助蒸気管の止め弁入口に冷えたドレンが滞留していた。その止め弁の出口側は、常時運転している高温の蒸気主配管に管台で接続されていたが、その管台部に割れが発生、漏洩した。その部分の内面を調べると、多数のヘアークラックがあり、中に貫通割れを起こしているものがあった（図5-78参照）。

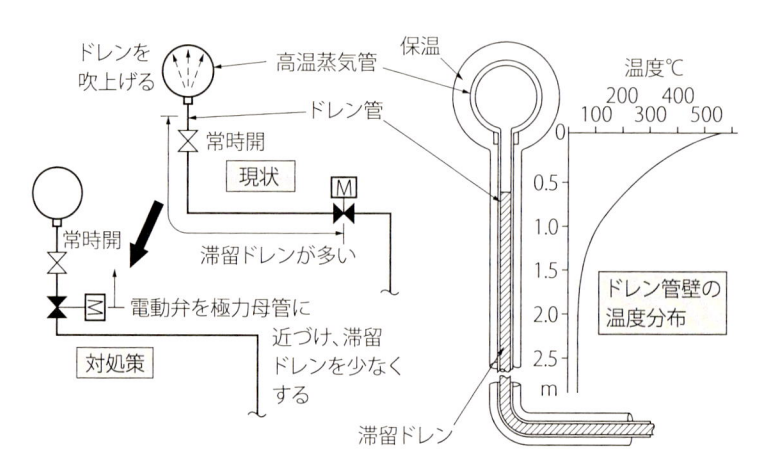

図5-77　冷えたドレンの逆流による熱衝撃

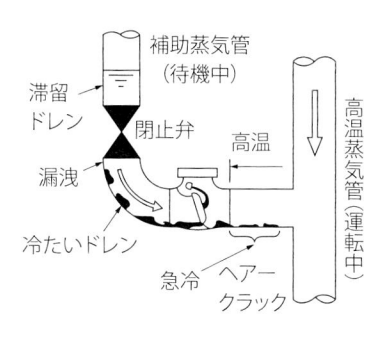

**図5-78　漏洩ドレンによる熱衝撃**

### ❓ その原因は

　高温部が冷水に触れ急冷されると、冷やされた部分が局所的に収縮、その周辺に引張応力が発生します。これが繰り返されると疲労破壊するので、熱疲労とか熱衝撃と呼ばれます。水は減温スプレー水やドレンの漏れ、サブクールしたドレンの減圧によるフラッシュなどで供給されます。熱衝撃は、高温のメタル温度と冷水の温度差が大きいほど激しくなります。

　【例1】　高温高圧の蒸気管のドレン管は2重弁になっている（図5-77参照）。通常の運転中は一般に第1弁の手動弁は常時開、第2弁の電動弁は常時閉としており、第2弁のところまで放熱で冷えたドレンが存在する。蒸気管の急な圧力降下によりドレンが飽和圧力に達し、フラッシュした蒸気とドレンが吹上げられ、母管の中に飛び出し、ドレン入口とその反対側の蒸気管壁を急冷、この現象が繰返し、ヘアークラックさらに貫通割れへと進展させる。

　【例2】　停止中のバックアップ用蒸気管の止め弁入口に滞留していた冷たいドレンが止め弁に漏洩があったため、運転中の蒸気主配管への合流部である高温の管台部に冷水が接触、急冷させ、熱衝撃が起きたものである。

# 8 劣化・疲労

第5章

## ❗ その対処法

【例1】 通常運転中に溜まっているドレン管のドレン量をできるだけ少なく、かつあまり冷えないようにするため、常時開の第2弁（電動弁）を可能な限りドレン管の上流へもってくる。

【例2】 弁シート漏れにより、冷たいドレンが高温部に接触する可能性がある場合は、①ドレンを溜めずに常時排除する、②ドレンが高温部に行かないようなドレン勾配をとるなどを考える。この場合①の方法で、止め弁上流の最下部にドレン抜きを設け、スチームトラップで常時ドレンを抜く。

### 関連知識

蒸気タービンなどの高温の高速回転体に、逆流した冷たいドレンが接触すると、冷やされた部分が急収縮し、回転バランスが崩れ、回転体が振動を始めることがあり、このような現象を「ウォータインダクション」と呼びます。

# 2 すみ肉溶接部の高サイクル疲労

## ❌ どんなトラブルか

【例1】 ドレン管や導圧管など小口径枝管用ボスと管の接続部のすみ肉溶接二番（熱影響部）において、配管振動がある場合、曲げモーメントによる高サイクル疲労で周方向にクラックが発生した（図5-79）。

【例2】 レストレイントやサポート用のラグ（管に溶接する鋼片）や、形鋼のすみ肉溶接部が配管振動により、高サイクル疲労でクラックが入ることがある（図5-80）。

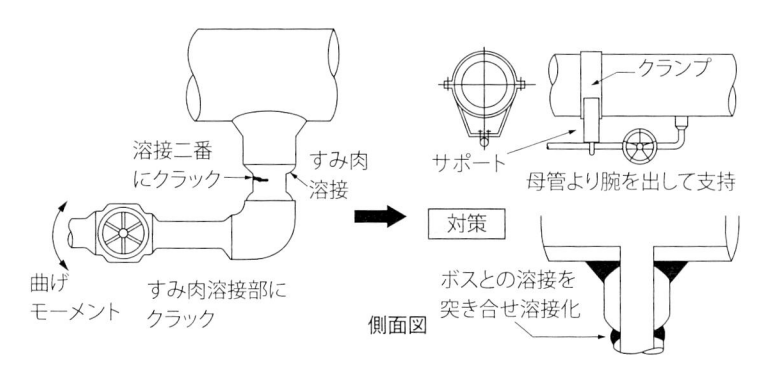

図5-79　小径枝管溶接部二番の疲労によるクラック

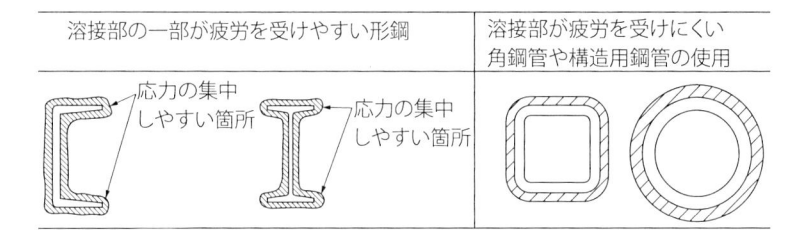

図5-80　すみ溶接部の応力集中の高い形鋼と低い形鋼

### ? その原因は

【例1】、【例2】ともに配管振動によりすみ肉溶接部の応力集中する形状不連続部に発生する高サイクル疲労です。

【例1】　母管より枝出しする小径管は、ボスとの接続は応力集中しやすいすみ肉溶接が一般的で、また、その溶接部近傍に集中荷重となる元弁が付き、溶接部に重量による曲げモーメントがかかる。そこへ母管の振動が伝わると、重量に振動加速度が加わった繰返し曲げモーメントがかかり、形状変化による応力集中のため、溶接熱により硬化した溶接二番のところで疲労による周方向クラックが入りやすくなる。

【例2】　レストレイントを構成する材料としてよく使う、山形鋼、溝形鋼などは、その出張った断面形状をすみ肉溶接が回り込む所で急な形状変化をするので、応力集中が一般に高くなる。

# 8 劣化・疲労

第5章

## ❗ その対処法

【例1】 ボスと枝管のすみ肉溶接部にかかる、バルブや管自重による曲げモーメントが原因の1つなので、曲げモーメントを極力軽減させるため、図5-79の右上のように母管からサポートをとる。固定された外部からサポートをとった場合、移動するボス部との間に相対変位を生じるため、母管からサポートをとる。また、ボスと管との溶接部を応力集中しやすいすみ肉溶接から形状が比較的滑らかな突合わせ溶接に変更する（図5-79の右下）。

【例2】 山形、溝形、I形鋼などは形状に出張りがあり、その部分の溶接部の応力集中が大きくなる。パイプ材と角パイプを使うと断面に出張ったところがないので、応力集中を緩和する効果がある（図5-80参照）。

また、すみ肉溶接部は応力集中をできるだけ緩和するため、溶接止端部はグラインダで丸みつけ、スムースに形状を変化させる（図5-81）。

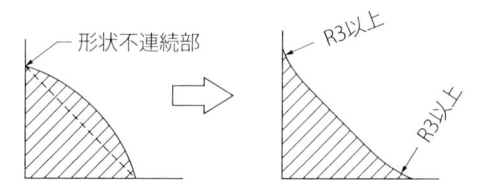

**図5-81　すみ肉溶接部の応力集中を緩和する**

# 3 クリープ損傷による割れの発生

## ❌ どんなトラブルか

　高温蒸気管の管（STPA24）と鋳鋼製エルボ（2.25Cr-1Mo鋼）との溶接部に割れが発見されました。レプリカ調査（後述）、硬度測定、破面調査の結果、割れは粒界割れで、次のような特徴がありました。

①不連続のジグザグ状を呈している。

②連結した割れの他に多数のクリープボイド（注）が発見された。

③粗大化した炭化物が発見された。

これらはクリープ割れの特徴と一致していました。

> 注：キャビティともいい、クリープ現象が進んだ時、組織の粒界に現れる小さな空洞のことをいいます。

## ❓ その原因は

　鋼材を高温域（注）に長時間置くと、荷重一定でもひずみが増大し、引張応力よりずっと小さな応力で破壊します。この現象をクリープといい、その破壊をクリープラプチュアと呼びます。

　その典型的な進行過程を**図5-82**に示します。同図にみるようにクリープの進行は3つの段階に分けられます。第1段階は非常に高いクリープ率（時間当たりの増加ひずみ）が次第に減じ、ほぼ一定値に収束するまで。第2段階はこのクリープ率が一定のまま第3段階に入るまで続く状態をいい、クリープの主要部分を成します。第3段階は一定であったクリープ率が増加し始め、加速度的に増加し、破壊に至るクリープの最終段階です。この段階での材料の使用は避けなければなりません。

> 注：クリープを起こす可能性のある温度を文献②では、炭素鋼で370℃、ステンレス鋼では430℃以上、文献③では、温度425℃を超える温度域で、クリープひずみと損傷に考慮を払うこととしています

# 8 劣化・疲労

第5章

## ❗ その対処法

　クリープは時間と共に徐々に進行する損傷です。そこで、クリープ損傷に対する処理方法は、その進行状態を調査、把握し、その結果から余寿命を推定、それに従い以後の計画的な調査・検査計画、撤去・交換計画、などを策定します。クリープの損傷度合いの把握は、破壊法（サンプルを切り出して検査する）と非破壊法があります。非破壊法は硬度測定やレプリカによるボイドの分布から余寿命を推定するものです。

　レプリカ法は以下のように行います。ボイドのある被検査体の表面を研磨した後、レプリカフィルムを密着させて、取り外すとそこに凹凸が記録されています。フィルム上の凸凹は実物の凸凹と逆になるので、凸部はボイド、凹部は炭化物が凝集・粗大化したもの（これも劣化の徴（しるし））です。このレプリカフィルムに金を蒸着させ、走査電子顕微鏡で観察します。レプリカ上のボイドの分布の程度、連続性などからボイドの進行程度を類推でき、余寿命を推定できます（図5-82参照）。

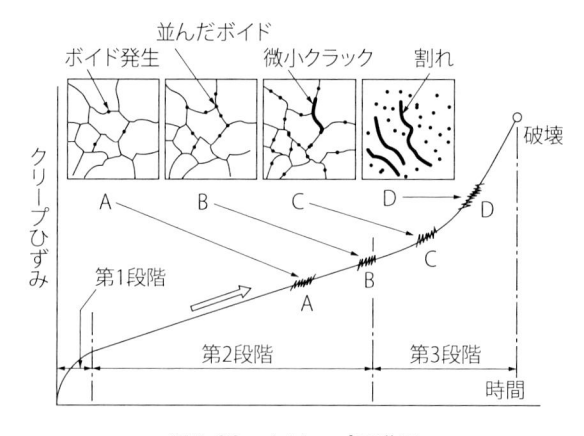

**図5-82　クリープの進展**

## 関連知識

　炭素鋼や0.5Mo（モリブデン）鋼（STPA12）を425℃以上で長時間使用すると、強度を担っている炭化物中の炭素が黒鉛化して分離するため、強度が落ちてくるのでクリープとは別に注意が必要です。

# 9 腐食・浸食

## 1 腐食にはどんなトラブルがあるか

### ✗ どんなトラブルか

配管の腐食に関連するトラブルを取り上げるにあたり、はじめに腐食を分類、整理してみます。大きく分類すると次のようになります。腐食原因から分類すると**表5-6**、腐食範囲から分類すると**表5-7**のようになります。

表5-6　腐食原因で分類

| | |
|---|---|
| 湿食 | 水が介在する電気化学的腐食が関与することが多い。多くの腐食がこのタイプ。 |
| 乾食 | 高温の乾いた条件で進む腐食。湿食に比べ、腐食件数は多くない。 |

表5-7　腐食範囲で分類

| | |
|---|---|
| 全面腐食 | 金属表面が全面的にかつほぼ均一に腐食していく。一般の錆はこのタイプで、腐食速度は速くない。湿食の場合は、同種の金属内のわずかな組成のばらつきなどに起因する電位差により起こる。 |
| 局部腐食 | 金属表面が局部的に腐食される。性質の異なる金属（異種金属とは限らない）の局部間の電位差が腐食に関与していることが多く、腐食箇所は面積的に限定されるが、腐食速度は速い。 |

腐食で特に問題になるのは腐食速度の速い局部腐食です。主な局部腐食の種類を**表5-8**に示します。

# 9 腐食・浸食

第5章

表5-8 局部腐食の種類

| 腐食の分類 | 小分類または別呼称 | 腐食されやすい材料 | 5章項目 |
|---|---|---|---|
| 応力腐食割れ | 応力腐食割れ | ステンレス鋼 | 9 9 |
|  | 水素脆性 | 炭素鋼/低合金鋼 | 9 8 |
|  | アルカリ脆性 | 炭素鋼/低合金鋼 |  |
|  | 時期割れ | 黄銅 |  |
| 流れ加速腐食 | FAC | 主として炭素鋼 | 9 4 |
| エロージョン | キャビテーション | 炭素鋼<br>ステンレス鋼 | 9 3 |
|  | 液滴エロージョン |  | 9 2 |
| 孔食 |  | ステンレス鋼<br>炭素鋼 | 9 5 |
| 隙間腐食 | 酸素濃淡電池腐食 | ステンレス鋼 | 9 5 |
| 粒界腐食 | 鋭敏化 | ステンレス鋼 | 9 10 |
| 脱成分腐食 | 脱亜鉛腐食 | 黄銅 |  |
|  | 黒鉛化腐食 | 鋳鉄 |  |
| 異種金属接触腐食 | ガルバニック腐食 | 卑の金属 | 9 6 |
| 通気差電池腐食 | 酸素濃淡電池腐食 | 埋設配管 |  |
| マクロセル腐食 |  | 埋設配管 | 9 11 |
| 微生物腐食 |  | 炭素鋼<br>ステンレス鋼 |  |
| 保温材下腐食 | CUI | 炭素鋼、低合金、ステンレス鋼 | 9 12 |

　図5-83に海水に接する同種金属の表面に起きる、電気化学的腐食のメカニズムを示します。アノード（イオン化しやすい部分）は腐食電流が海水（電流を通す液体）に流出するところで、腐食されるところです。また、カソード（イオン化しにくい部分）は海水から電流が流入するところで、防食されるところです。同種金属内の場合、アノード、カソードは絶えず入れ変わっているので腐食は表面全体がほぼ均一に進みます。

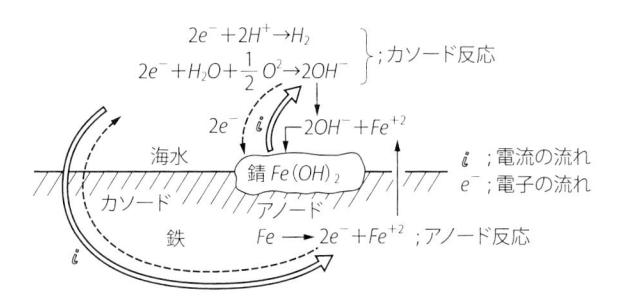

トラブル事例／配管エンジニアリング編

$$2e^- + 2H^+ \rightarrow H_2$$
$$2e^- + H_2O + \frac{1}{2}O_2 \rightarrow 2OH^-$$ ；カソード反応

$$2e^- \quad 2OH^- + Fe^{+2}$$

海水　錆 $Fe(OH)_2$　　$i$；電流の流れ
カソード　アノード　　　$e^-$；電子の流れ

鉄　$Fe \rightarrow 2e^- + Fe^{+2}$；アノード反応

図5-83　同種金属における電気化学的腐食のメカニズム

# 2 絞りの下流で起きるエロージョン

## ✗ どんなトラブルか

　飽和温度より少し低いサブクール水が通る、ヒーター水位制御の調節弁を、１年間運転後の定期点検で調査したところ、弁体下流の弁箱と弁直後の配管（材質はいずれも炭素鋼）がえぐられたように減肉していました。

## ? その原因は

　この減肉の主な原因は乱れた流れと液滴エロージョン（droplet erosion）によります。調節弁あるいは減圧オリフィスによって絞られ、圧力降下して静圧が液温の飽和蒸気圧力以下になると、液体がフラッシュし、液滴を随伴する高速の気液２相流となります（図5-84）。フラッシュした高速の気液２相流は、調節弁や管、管継手の壁（特に弁を出て流体が直進し、最初にぶつかる曲がりの壁）を急速に減肉させます（図5-86①および図5-87①）。さらに、高速で乱れた流れが管壁をFAC（9 4 参照）により減肉させます。

153

# 9 腐食・浸食

第5章

## ⚠ その対処法

　対処法は、弁の本体側としては、弁箱のCr-Mo鋼化、ケージ形弁（図5-85参照、一般にケージの外側から流体が入る）の採用などがあります。配管側としての対策は、

① 調節弁出口にレジューサを付け、入口管サイズより1または2サイズ大きくして流速を下げる。

② 調節弁下流の配管の一部またはすべての材料を1.25％、または2.25％以上のCrの入った合金鋼とする。

③ 調節弁の2次側配管を極力短くする。配管側としてもっとも良い方法は機器ノズルに直接調整弁を接続し、調節弁の2次側配管をなくすことだが、機器内部のエロージョン対策が必要となる。

④ 調節弁出口に曲がりがある場合、弁出口から曲がりまでの直管部の長さを可能なかぎり長くする（液滴エロージョン対策）。また、弁2次側の曲がりは、エネルギーを曲がり部でできるだけ多く減殺させるため、エルボの代わりにTを使う（図5-86②参照）。

⑤ 高速の液滴に対する対策に、液滴が直進してぶつかるTの端部に閉止フランジを設け、その内側に取り替え可能なステンレス鋼板を入れる方法がある（図5-87②参照）。

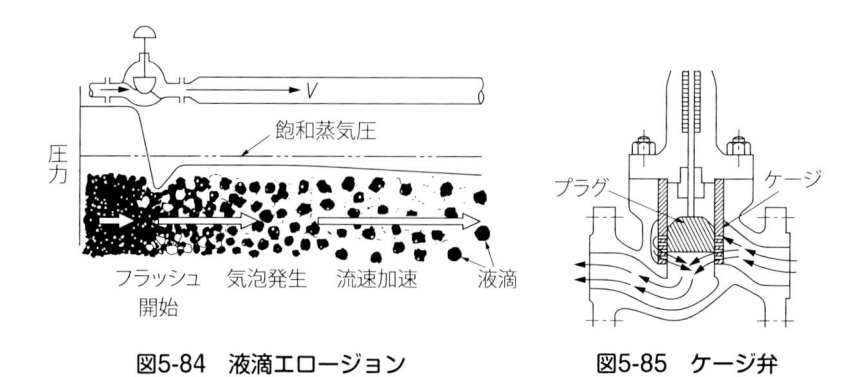

図5-84　液滴エロージョン

図5-85　ケージ弁

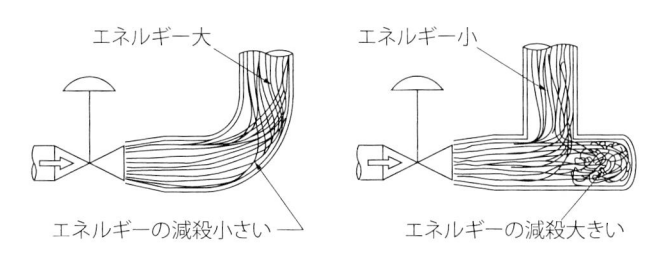

① 一般的なエルボを使った管路 ➡ ② エネルギーを削ぐためTを使った管路

**図5-86　フラッシング流のエネルギーを削ぐ**

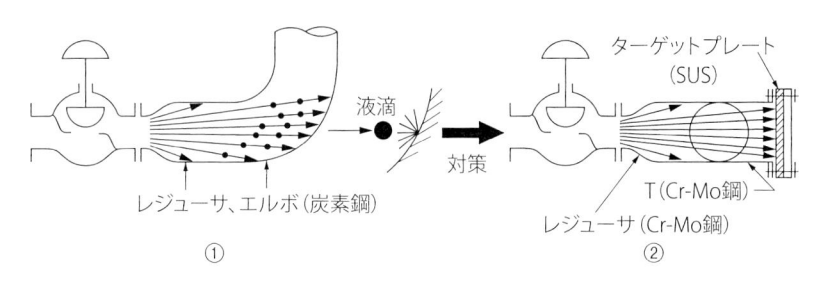

**図5-87　液滴エロージョンとTによる対策**

# 3 ポンプキャビテーションによるエロージョン

## ✗ どんなトラブルか

　地下にある水槽から水を吸い上げるポンプで、出口弁を通常より開けて、計画流量より多く流したところ騒音と振動が出ました。調査の結果、ポンプ内でキャビテーションが起きたものと推定されました。

# 9 腐食・浸食

第5章

## ❓ その原因は

ポンプキャビテーションについては、第5章13において、どのような条件のもとで起きるかを説明しましたが、ここではポンプがどのようにして、キャビテーション・エロージョンを受けるかを説明します。

そのメカニズムを図5-88に示します。ポンプの吸込み管とポンプ内の圧力損失により、流体の静圧が羽根車のもっとも低くなるところで、飽和蒸気圧にまで下がると、液体はそこでフラッシュ（蒸発）し、さらに圧力が下がれば、蒸気の気泡（ボイド）が集まり空洞ができます。羽根車の遠心力で流体が昇圧しはじめ、飽和蒸気圧以上になると、空洞は一気に崩壊します。羽根車のメタルに接している空洞や気泡は潰れて、水が衝撃的にメタルにぶつかり、メタルを損壊させます。これがキャビテーション・エロージョンです（図5-89参照）。

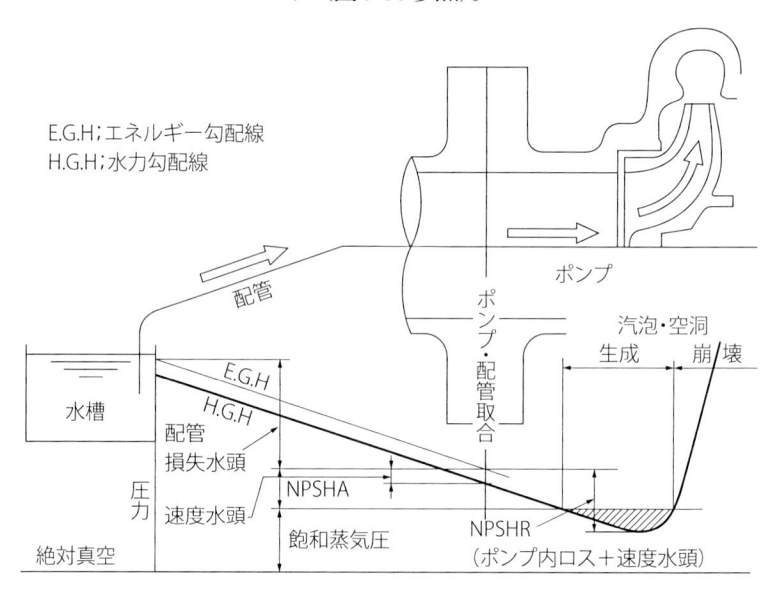

**図5-88　吸上げポンプがキャビテーション状態にある図**

## ❗ その対処法

ポンプ内でのキャビテーションを防ぐには、NPSHA（有効NPSH）＞NPSHR（必要NPSH）とする必要があります。この式中のNPSHRを小

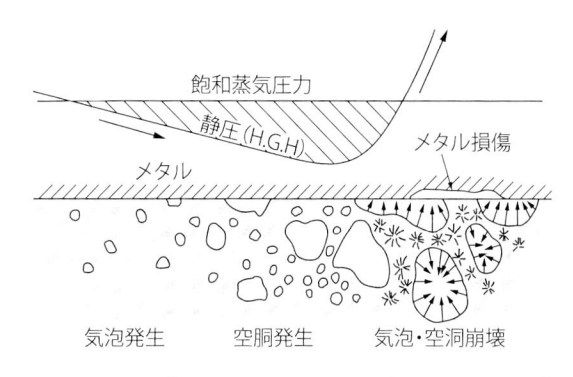

**図5-89　キャビテーション・エロージョンのメカニズム**

さくするのは、ポンプメーカーのノウハウに掛かっています。配管設計者を主とするユーザー側技術者はNPSHAを大きくする方法を考えます（NPSHについては、第5章13を参照願います）。

図5-88からもわかるように、

① 吸込槽の水位はできるだけ高く、ポンプ羽根車のレベルはできるだけ低い方がよい。後者には、床下を掘込みピットバレル式立形ポンプの採用がある。

② 吸込管内の圧力損失ができるだけ小さい方がよい。そのため、管径を太くして流速を遅くする、管長を短く、管継手と弁は抵抗係数の小さいものを使い、ストレーナの圧損は最少にする、など。

③ 飽和蒸気圧が小さいほど、その分、有効NPSHを多くとれるので有利になる。そのためには流体温度はできるだけ低い方がよい。

---

**山椒の実**

**トラブルのケーススタディ**

　一般的には、ある具体的な事例について、参加者がさまざまな角度から検討を行い、その事例の原理や法則性を究明する手法をいい、教育的な側面もあります。

　事例がトラブルの場合は、グループ員のトラブル教育のため、具体的なあるトラブルの原因や再発防止がほぼ固まった段階で、それらの確認やブラッシュアップを兼ねて、議論を行い、グループ全員にトラブルの原因と再発防止の方法を周知徹底させる趣旨で行われることが多いように思われます。

# 9 腐食・浸食

## 第5章
## 4 流れ加速腐食(FAC)と減肉管理

### ✕ どんなトラブルか

　加圧水型原子力発電所の2次系である復水管（口径22B、厚さ10mm、炭素鋼管）が、流量計測用オリフィスのすぐ下流で破裂しました。その部分は減肉しており、もっとも薄い所は0.4mmでした。

### ❓ その原因は

　原因は流れ加速型腐食；FAC（Flow Accelerated Corrosion）によるものでした。FACは流れによって、流れに接する鉄の表面の溶出速度が加速され、通常の腐食に比べ、減肉速度の速い腐食です。FACの起こるメカニズムを図5-90に示します。

　鉄$Fe$が電子を放出して鉄イオン$Fe^{2+}$となり、一部は沖合（注）に拡散、一部は鉄表面で水と反応し、水酸化鉄$Fe(OH)_2$を造ります。水酸化鉄から熱水中で堅牢な皮膜マグネタイト$Fe_2O_3$に変化します。マグネタイトの溶解Ⓐは、鉄と溶液の接触面Ⓑと沖合の濃度差（濃度勾配）を駆動力

流速がⒷの濃度勾配に影響
Ⓑの濃度勾配がⒶの溶出速度に影響
Ⓐの溶出速度が減肉速度に影響

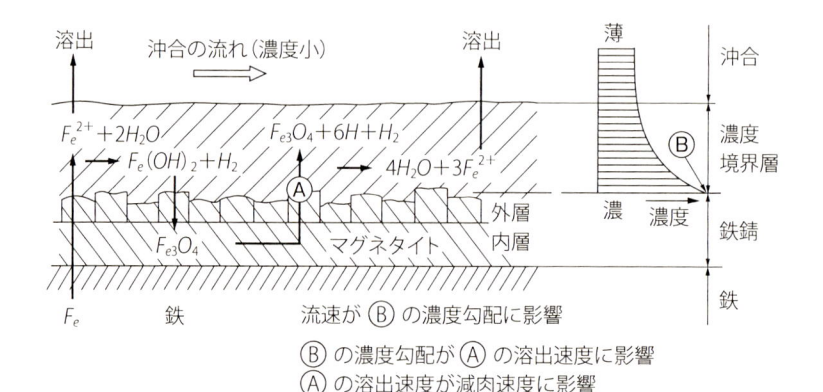

**図5-90　流れ加速腐食(FAC)の原理**

として行われます。このマグネタイトの溶解が減肉速度を支配しています。そして、流速の増大が濃度勾配を増大させます。

(注：金属と溶液との間の電気化学反応が行われていない領域。)

### その対処法

経験的にFACにより減肉の発生しやすい箇所は図5-91に示す部分です。流れの乱れやすい所、渦のできるところが減肉されやすいです。

FACの減肉速度には以下の特徴があります。

①100℃以下では抑制され、100～200℃で顕著となり、150℃あたりがピークとなる。
②pH9.2付近からpHの上昇に伴い、急速に低下する。
③中性の純水では、10ppb以上の溶存酸素下で急減する。
④材料ではCr含有の効果が顕著で、1.25Cr-0.5Mo鋼、2.25Cr-1Mo鋼などの材料がFACに対し有効である。

これらの特徴を活かすことが、FACの対処法となります。これらの措置を採ったうえで、減肉の危険度で全配管をクラス分けし、そのクラスに応じた測定範囲と測定頻度を定め、定期的に厚さを測定、減肉速度のトレンドを把握し、残る厚さを予測、管理しメンテナンス計画をたてる、などの「減肉管理」がきわめて重要です。

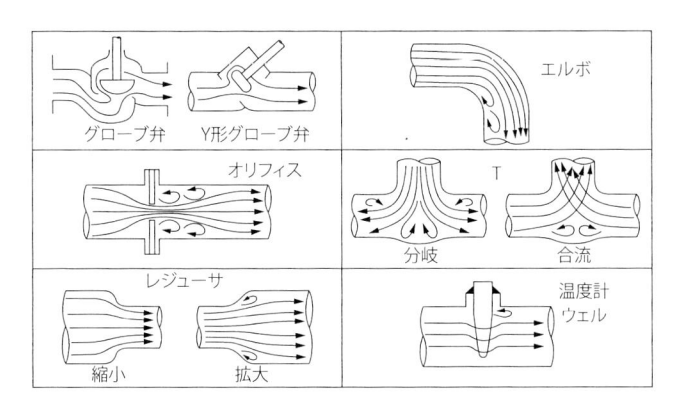

図5-91　減肉の発生しやすい箇所

# 9 腐食・浸食

## 第5章

# 5 同じ金属内の電位差で起こる孔食と隙間腐食

### ✕ どんなトラブルか

【例1】 海水が停滞する所に使用していたSUS304の管に小さな孔があき、漏洩した。

【例2】 SUS304の海水配管のガスケットと接触するフランジの面に孔状の腐食が発生した。

### ? その原因は

【例1】は孔食、【例2】は隙間腐食です。孔食はステンレスなど不働態皮膜のある金属で起こり、隙間腐食は不働態皮膜のない炭素鋼でも、また隙間の相手が非金属でも起こります。両者はこの相違により腐食発端のメカニズムが異なりますが、腐食の進行メカニズムは同じで、電解液中の電位差のある金属間で起きる電気化学的腐食です。両者の腐食の発端と進行のしくみは次のとおりです（**図5-92**参照）。

**孔食**
不働態皮膜のある金属で起こる

発端：$Cl^-$が皮膜の弱い箇所を攻撃して破壊

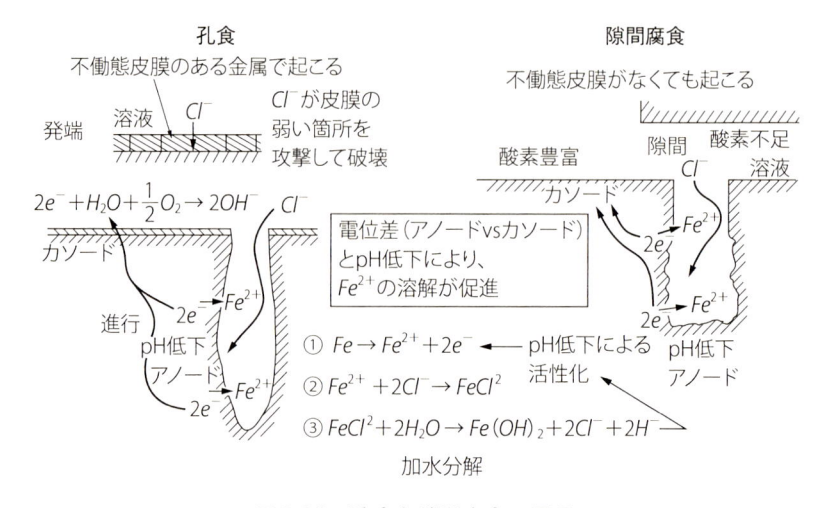

$2e^- + H_2O + \frac{1}{2}O_2 \rightarrow 2OH^-$

カソード

進行：
- pH低下
- アノード
- $2e^-$
- $Fe^{2+}$

電位差（アノードvsカソード）とpH低下により、$Fe^{2+}$の溶解が促進

① $Fe \rightarrow Fe^{2+} + 2e^-$
② $Fe^{2+} + 2Cl^- \rightarrow FeCl_2$
③ $FeCl_2 + 2H_2O \rightarrow Fe(OH)_2 + 2Cl^- + 2H^+$ ← 加水分解

**隙間腐食**
不働態皮膜がなくても起こる

酸素豊富 / 隙間 / 酸素不足 溶液

カソード ← $Cl^-$
$2e^-$ → $Fe^{2+}$
$2e^-$ → $Fe^{2+}$

pH低下
アノード

pH低下による活性化

**図5-92　孔食と隙間腐食の原理**

孔食、隙間腐食ともに酸化剤、特に塩素イオン$Cl^-$がある溶液中で起き、その代表的なものが海水です。

　孔食は、不働態皮膜の弱い箇所を塩素イオンが攻撃して、破壊することからはじまります。破壊された不働態皮膜のない部分がアノード、ある部分がカソードとなり、腐食は孔状に進みます。アノードの孔の中では図5-92の①の反応が進み、鉄イオンが溶出します。孔の中に鉄イオンが増えるので、電気的に中性を保つため、沖合より孔の中へ塩素イオンが入り込み、②のように塩化鉄ができます。孔の中は塩化鉄の濃度が上がり、③のように加水分解して水素イオンができ、これがpHを下げ、酸性となった溶液に、ますます鉄イオンが溶出して腐食が進みます。

　隙間腐食の発端は、沖合に接する金属面は酸素が豊富であるのに対し、隙間の中は消費される酸素の補給が十分にいかず、酸素不足の状態となり、酸素の充分な隙間の外側がカソード、酸素の不足している隙間の中がアノードとなり、隙間の中の腐食が進みます。隙間の中の腐食は、不働態皮膜のあるステンレスの場合は、孔食で述べたように隙間のメタル表面に垂直方向に孔状に進みますが、不働態皮膜のない炭素鋼の場合は全面腐食型をとります。全面腐食型の場合の腐食進展の主な要因は、隙間腐食の発端と同じように、液中の酸素濃淡の差による電位差です。

### ❗ その対処法

　太い丸棒などでは孔食が多少できても剛性にあまり響きませんが、厚さ数mmのステンレスチューブや管に1個の貫通孔食ができただけで、漏洩が起き、プラントの運転継続に重大な影響を与えることを考える時、海水に18-8ステンレスのチューブや管の使用は避けるべきでしょう。太い断面の部材にステンレスを使う場合、流速を上げる（2m/s以上）と孔食を受けにくくなります。

　孔食も隙間腐食も電気防食により防ぐことができます。

# 9 腐食・浸食

第5章

## 6 減肉が非常に速く進む異種金属接触腐食

### ❌ どんなトラブルか

　チューブと管板がチタン製の復水器に接続する、内面を防食ライニングした炭素鋼製冷却水管が、復水器近傍で防食用ライニングが一部損傷し、海水に鉄が露出しました。鉄はチタンにより異種金属接触腐食を受け、管から海水が漏洩しました。

### ❓ その原因は

　異種金属接触腐食（ガルバニック腐食ともいう）は、自然電位に大きな差のある異種金属の間で起きる電気化学的腐食です。自然電位の低い方の金属は卑の金属といい、アノードとなって腐食されます。自然電位の高い金属は腐食されにくく、貴の金属といい、カソードとなって防食されます。本例では鉄（自然電位：－450～－650mV）がアノード、チタン（自然電位：－50～＋50mV程度）がカソードです。鉄とチタンの

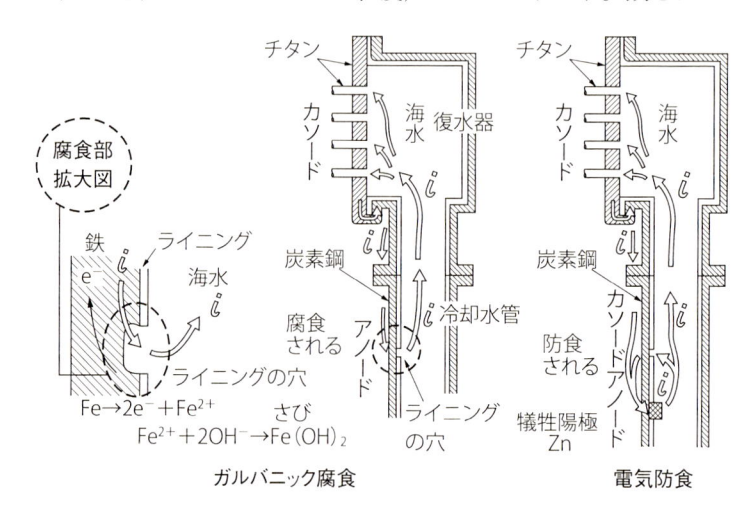

図5-93　異種金属接触腐食と電気防食の例

電位差により、鉄がチタンにより異種金属接触腐食を受けます。本例（図5-93参照）では、ライニングが損傷して小さな穴があき、そこに露出した鉄がアノード反応（本章９１参照）を起こし、鉄イオンを溶出することにより海水中に腐食電流が流出し、電解溶液の海水を通り復水器に達し、電流はチタンに流入し、カソード反応（本章９１参照）を起こして水素を発生させます。戻りの電流は復水器〜冷却水管の金属部分、あるいは基礎や建屋のコンクリート内鉄筋などを通って鉄の露出部であるアノードに戻ります。この電流の循環（電子の循環は電流と逆まわり）により、異種金属接触腐食は進みます。その腐食速度は条件によりますが、海水中に置かれた鉄の腐食速度、0.1〜0.5mm／年の10倍以上に達します。両金属間の電位差が大きいほど、また（カソード面積／アノード面積）の大きいほど腐食速度が速くなります。

### その対処法

金属を防食するには、電気防食により、腐食されている金属を「電流が溶液に流出しているアノード」の状態から「電流が溶液から流入するカソード」の状態に変えます。電気防食には犠牲陽極法と外部電源法の２つの方法があります。犠牲陽極法は、防食したい金属よりも卑の金属、本例では亜鉛に電気回路を形成させて溶液中に設置します。犠牲陽極は自らを消耗させ電流を発生させるので、消耗したら取り替える必要があります。外部電源法は、被防食材近傍の溶液中に電極を設置し、外部電源装置から防食したい金属へ溶液を介して電流を流す方法です。電極は消耗しないので長期に使えますが、初期コストがかかります。

電気防食法には、他に「電気絶縁」があります。異種金属接触腐食が起きるには、電解回路が形成されていることが条件なので、その回路を電気絶縁により断ち切る方法です。電気絶縁は通常、絶縁フランジ／ボルトを管路に組み込んで行われます。しかしこの方法は弁など範囲がごく限定されたものには有効ですが（図5-94参照）、本例のような大規模な設備では、どこかに電気の通り道ができて、実用的ではありません。

# 9 腐食・浸食

第5章

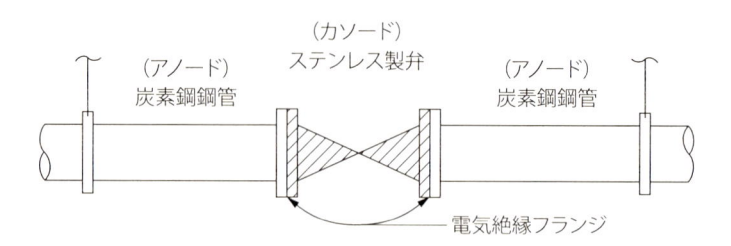

**図5-94　弁を電気絶縁する**

## 7　電気防食によるチタンの水素脆化

### ✗ どんなトラブルか

　前項で述べた、海水を冷却水とするチタンチューブ採用の熱交換器に海水の冷却水管が接続され、防食塗装された鋼管の異種金属接触腐食防止のため、外部電源方式の電気防食装置が設置されました。海水中に電流を流す電極はチタンからそう遠くない位置に設置されることが多いですが、防食電流が過大になると、カソード（チタン）で発生する水素の量が増え、チタンの水素脆化を起こす可能性があります。

### ? その原因は

　カソードとなるチタンと海水の接するところで、カソード反応すなわち、チタンが放出する電子と海水中の水素イオンが結合してできた原子状水素（$H^+ + e^- = H$、図5-95参照）がチタンに侵入、金属内でチタン水素化物（$TiH_{1～2}$）を作り、そのため脆化する現象をチタンの水素脆化といいます。

　この現象は、図5-96に示すようにチタン製熱交換器による炭素鋼鋼管の異種金属接触腐食防止のため行う電気防食において、チタンの電位がマイナス方向へ分極（後述）しすぎると、カソード反応で発生した水素

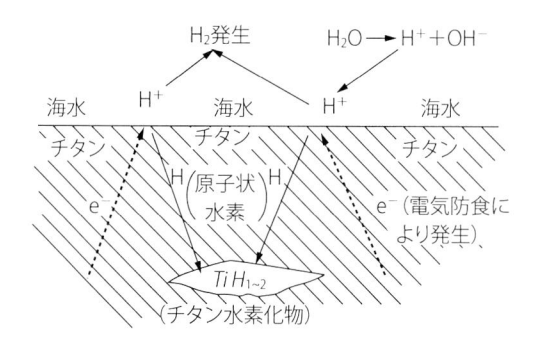

**図5-95 チタンの水素脆性（イメージ）**

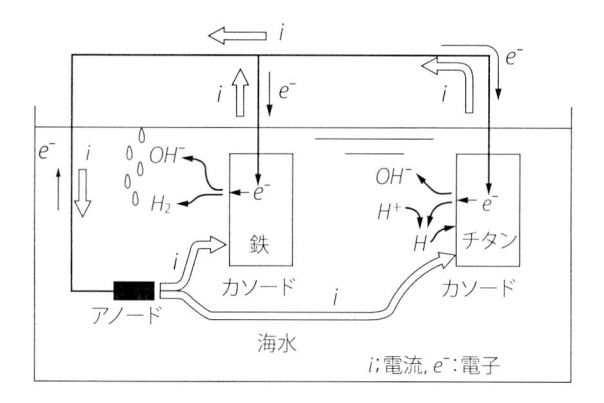

**図5-96 電気防食でチタンに水素ができるメカニズム**

により上記現象が起き、長期間運転するとチタンの伸びや強度の低下が起きることがあります。

## その対処法

　チタンの自然電位は－50mV～＋50mV程度ですが、電気防食をほどこし、アノードから海水内を通った電流がカソードであるチタンに入る（電子は電流と逆方向に動くので、チタンから海水へ出る）と、分極といって自然電位が負の方向（電気化学的には、卑の方向という）へ動きます。チタンに入る電流が多いほど、余計に負の方向へ動きます。水素脆化を起こさせないためには、経験的に、－600mVよりプラスの方向（電気化

学的には、貫の方向という）にしておく必要があります。したがって、アノードから電流をあまり多く流せません。

一方、近くにある鉄（自然電位：−450〜−650mV）が完全防食されるためには、鉄の電位が−770mVより卑である必要があります。それには、ある程度、電流を多く流さなければなりません。したがって、チタンの電位が−600mVより貴、鉄の電位が−770mVより卑になるように電流を調整します。

水素脆化は大きな電流を流すことができる外部電源方式で問題となることがあります（電流は調節できる）。流電陽極法(犠牲陽極)は、一般に水素脆化を起こすほどの大きな電流にはなりませんが、流入電流の調節は、犠牲陽極の位置を変えることによって行えます。

# 8 高温高圧の水素雰囲気中における割れ

## ✗ どんなトラブルか

12年間運転した重油直接脱硫装置の6B、材質がSTPT370の安全弁放出管（放出管の圧力、温度約14MPa、330℃）が漏洩、着火、爆発しました（この放出管の先に接続される管の材質はSUS321）。破裂は管軸方向1.2mの長さにわたっていました。流体は、水素分圧約12MPaのプロセス流体でした（参考文献⑪より）。

## ? その原因は

調査の結果、原因は水素浸食割れであることがわかりました。

水素浸食割れは、高温、高圧の水素環境で使用される炭素鋼、低合金鋼の圧力容器、配管などで起きます。鋼材に侵入した原子状水素と鋼中の炭素との反応により、鋼材は脱炭（炭素を奪われること）し、メタン

を生成します。メタンが結晶粒界、炭化物などの界面に集積し、高い圧力となり、粒界割れを生じさせ、徐々に板厚方向に進行させ、終に破断させます（図5-97参照）。

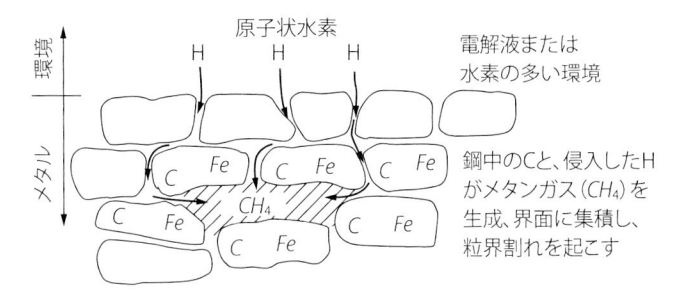

**図5-97 水素浸食のメカニズム（イメージ）**

### ❕その対処法

　水素リッチな流体を扱う配管、あるいは、その雰囲気にある配管・装置に使用する材料は、ネルソンカーブ上にその運転温度と水素分圧をプロットし、プロットされた点より上に示された材料から選択できます。
　ネルソンカーブ（図5-98）は、米国石油協会（API）のAPI 941に定められているもので、ある使用材質の、ある温度において、使用できる最大の水素分圧をつなげた線図です。図5-98に0.5Mo鋼のデータはありませんが、データが疑わしいという理由で、API第4版（1990年）で削除され、炭素鋼と同じ扱いとなりました。

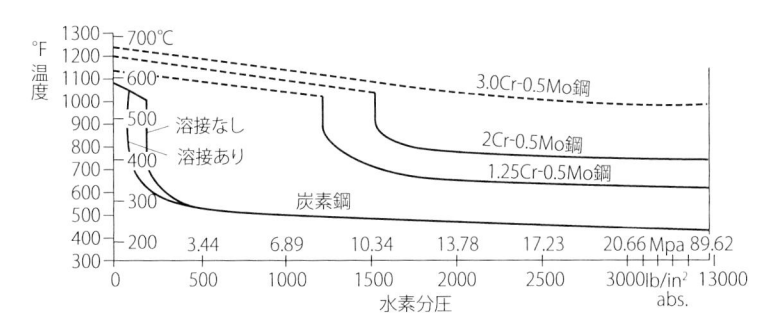

**図5-98 ネルソンカーブ**

# 9 腐食・浸食

## 第5章

　水素浸食割れを避けるには、ネルソンカーブからもわかることですが、Cr（クロム）、Mo（モリブデン）、W（タングステン）、V（ヴァナジューム）などが水素脆化を防ぐ合金成分で、Crを多めに含んだ材料、たとえば2.25Cr-1Mo鋼（STPA24）または5Cr-0.5Mo（STPA25）を選定します。

　ネルソンカーブに限りませんが、規格は最新版を使用することが必要です（仕様書で発行年度を指定された場合を除きます）。

### 関連知識

　溶接時に被覆溶接棒から出るシールドガス中の水素を極力少なくし、メタル中への水素の拡散を抑えた低水素溶接棒は水素脆化を抑制する働きがあり、拘束の大きな重量構造物や高張力鋼の溶接などに使用されます。

## 9 溶接残留応力が影響する応力腐食割れ（SCC）

### ✗ どんなトラブルか

　運用開始後、約10年を経過した縦型多管式熱交換器の上部管板にSUS304のチューブを拡管接合している部位のチューブ外側から割れが

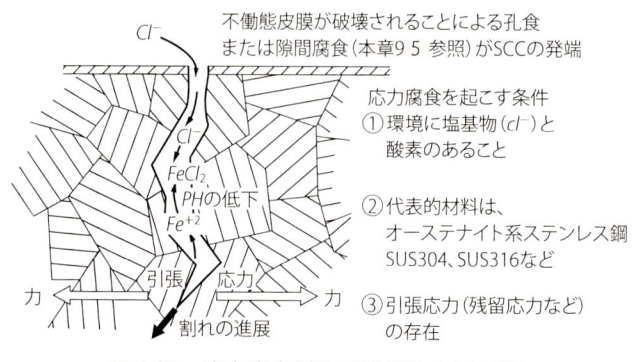

**図5-99　応力腐食割れの起きるメカニズム**

不働態皮膜が破壊されることによる孔食または隙間腐食（本章9.5 参照）がSCCの発端

応力腐食を起こす条件
① 環境に塩基物（$Cl^-$）と酸素のあること
② 代表的材料は、オーステナイト系ステンレス鋼 SUS304、SUS316など
③ 引張応力（残留応力など）の存在

（図中ラベル：$Cl^-$、$FeCl_2$、PHの低下、$Fe^{+2}$、引張、応力、力、割れの進展）

発生しました。チューブ内側は100℃のプロセス流体、外側は冷却用の塩化物イオン濃度40mg/lを含む工業用水でした。上部管板の直下は冷却水水位により空気だまりができ、乾湿繰り返しにより塩素の濃縮が起きている環境の元で起きたと推定されました。

## ❓ その原因は

引張応力と電気化学的腐食の相乗作用で進行する応力腐食割れはSCCと略称されます。

応力腐食割れは、次の3つの条件がすべて満たされた時に起こります。
①特定の材料、たとえば、オーステナイトステンレス鋼。
②当該部に引張応力が作用していること。
③接触する液体に塩基物（$Cl^-$など）と酸素が共存していること。

応力腐食割れのメカニズムは次のようになります。

割れは、隙間腐食や不働態皮膜の破壊による腐食を発端とし、腐食による小さな割れが生じはじめると、鉄イオン（$Fe^{2+}$）が溶出し、電気的中立を保つため、外部から塩素イオン（$Cl^-$）が割れの内部に入り込み、塩化鉄を作ります。塩化鉄が加水分解してできる水素イオンにより、pHが低下して、腐食（アノード反応）を加速させ、さらに割れ部にかかる引張応力（注）が割れを広げます。割れは深く、枝状に広く伸びていきます（図5-99）。割れには粒内割れと粒界割れがあります。

応力腐食の一種である鋭敏化による（結晶）粒界割れについては次項で述べます。

注：溶接部では、溶接時の残留応力が引張応力としてはたらきます。したがって、溶接部に外力が作用していなくても応力腐食割れを起こす3条件の内の1つを満たしていることになります。

## ❗ その対処法

応力腐食割れを抑制するには、次のような方法があります。
引張応力に対しては、

①残留応力の発生を抑制する。
②応力除去焼鈍をほどこし残留応力を下げる。

環境に対しては、
③塩素成分の混入を避けます。たとえば塩素成分の少ない保温材を選択する。
④溶液温度を調節して、SCCの活発な温度域を避ける。
⑤流体の溶存酸素を低減させる。
⑥電気防食を行う。

(注：本項の参考書は参考文献⑩)。

# 10 溶接二番に発生する粒界腐食

## ✗ どんなトラブルか

SUS304ステンレス鋼管の溶接部二番（注）に粒界腐食が発生しました。

注：溶接熱影響部のことで、溶着金属部から少し離れた箇所をいいます。ハズ（heated affected zoneの略）ともいいます。

## ？ その原因は

粒界腐食（結晶粒界腐食ともいう）は、ステンレスにおける孔食や隙間腐食と同じように、不働態皮膜が破壊されることによりはじまる局部腐食です。粒界腐食において不働態が破壊される原因は鋭敏化と呼ばれる現象によります。

SUS304、SUS316などのオーステナイトステンレス鋼を溶接する場合、溶接二番と呼ぶ500～850℃に加熱された範囲において、結晶粒界に沿ってクロム炭化物（たとえば$Cr_{23}C_6$）が析出します。その結果、粒界付近

はクロム量が少なくなり（この現象を鋭敏化という）、不働態皮膜をつくるために必要なクロム量が不足するクロム欠乏症となります。このため、結晶粒界に沿い不働態皮膜を作れなくなり、結晶粒界が選択的に腐食されます（図5-100）。析出したCr炭化物はほとんど腐食されません。

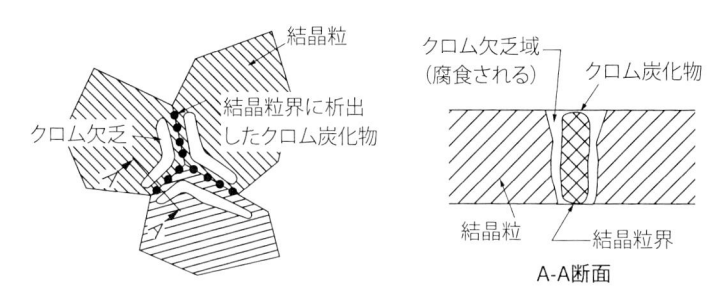

**図5-100　クロム炭化物とクロム欠乏域**

### ❗ その対処法

結晶粒界腐食には、次のような対処の方法があります（図5-101参照）。
①溶接などにより鋭敏化したオーステナイトステンレス鋼の耐食性回復のため、再度、容体化処理（注）を行う（製管時に一度行っている）。

**図5-101　粒界腐食の対処法**

| | ① | ② | ③ |
|---|---|---|---|
| 溶鋼 | Cr C Cr<br>C Cr C<br>Cr C C | Cr C Cr<br>C C Cr<br>C Cr C Cr | Cr Nb Nb<br>Cr C Cr C<br>Nb C Cr C |
| 溶接後 | (Cr C)(Cr C)<br>C (Cr C)<br>(鋭敏化) | Cr (Cr C) Cr<br>(Cr C) (Cr C) | Cr (Nb C)<br>(Nb C) Cr (Nb C) |
| 溶体化処理後（製品） | Cr C Cr<br>C Cr C | | |
| | 溶体化処理 | 低炭素ステンレス鋼 | ニオブまたはチタン添加 |

# 9 腐食・浸食

第5章

② 材料的に、素材の炭素量を極力抑えた低炭素ステンレス鋼、すなわちSUS304L、SUS316Lを使う。クロム炭化物ができるのはクロム欠乏域のできるのが原因なので、クロム炭化物の一方のパートナーである炭素を減らすことにより、粒界腐食を抑制できる。

③ この腐食はクロム炭化物ができるのが悪いので、クロム炭化物ができないように、炭素と親和力の強いチタンあるいはニオブなどの元素を混ぜ、炭素をこれらの合金としてクロムとは結びつかないようにする方法がある。この趣旨でできたステンレス鋼がSUS321、SUS347である。

> 注：析出したもの（ここでは$Cr_{23}C_6$）を析出前のものに分解して、固体の中に溶け込ませることをいいます。$Cr_{23}C_6$の形では、Crは本来の耐食機能を発揮できませんが、切り離されてCr単体になれば耐食機能を発揮できるようになります。析出物を分解して溶け込ませるには高温が必要で、また溶け込ませたものが冷える過程で再析出させないためには、急冷させることが必要です。

## 11 埋設管で起きるマクロセル腐食

### ❌ どんなトラブルか

コンクリート構造物を貫通して土中に出る、給水、消火水などの水管、およびガス管などの埋設管が構造物付近で、管の外面防食用被覆の損傷部に浸食の速い腐食を起こします。

### ❓ その原因は

コンクリート構造物を出た付近で起きる埋設管の腐食をコンクリート／土壌マクロセル腐食（略して、C/Sマクロセル腐食）といい、同一の配管の異なる箇所の電位差により起きます。建屋の地下梁、ポンプ室、

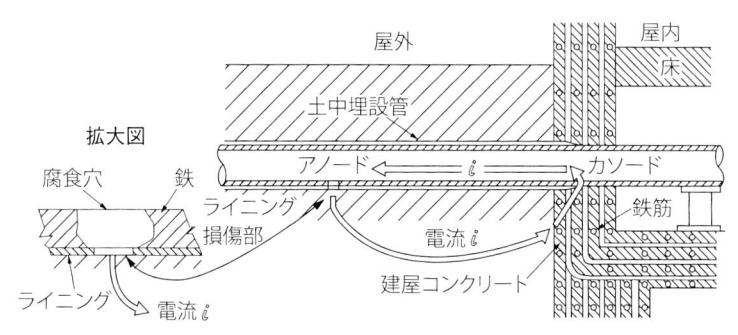

**図5-102　コンクリート/土壌マクロセル腐食**

　弁室、水管橋の橋台のようなコンクリート構造物を金属の配管が貫通して、土中に出るコンクリート構造物近くの鋼管が、ライニングに傷がつき、金属部分が土に露出するところで速い腐食速度で腐食します。「マクロセル」とは巨視的電池という意味です。

　　C/Sマクロセル腐食は、次のような特徴があります。

①ほとんどの場合、コンクリート構造物から10m以内程度の土中埋設部に発生する。

②腐食は外面ライニングに損傷のある箇所ではじまり、すり鉢状の腐食穴ができる。

③腐食速度は非常に速く、管敷設後数年で腐食により貫通する例も多い。

　C/Sマクロセル腐食の発生メカニズムは次のとおりです（図5-102参照）。

　土中埋設部の鋼管の腐食電位は-0.5～-0.8V（以下、電位表示は飽和硫酸銅電極基準で示します）であるのに対し、コンクリート（アルカリ雰囲気）の中の鋼管の腐食電位は-0.2～-0.3Vであるので、埋設部のライニングに傷ができた所がアノードとなり、アルカリ性のコンクリート内の管や管と導通がある鉄筋は非活性で、カソードとなります。コンクリート構造物の中で金属管が内部の鉄筋に接触していると、カソードの表面積は、アノードが埋設管外面ライニングのごく小さな損傷部の場合、アノードに対して相対的に非常に大きくなるので、腐食速度は大きく、場合によっては2～3mm/年程度に達します。

# 9 腐食・浸食

第5章

## ! その対処法

C/Sマクロセル腐食を防止するためには、次の方法が有効です。

①コンクリート構造物中の鋼管と鉄筋の電気的導通を防止する。

②コンクリート構造物近傍の埋設管において外面塗覆装の損傷を起こさないようにする。

③コンクリートから出ている埋設管とコンクリート内鋼管とを電気絶縁する。流体が気体の場合は絶縁フランジでよいが、流体が液体の場合は絶縁管が必要である。

④コンクリートから出る埋設管の近くにマグネシウムなどの犠牲陽極を埋設し、埋設鋼管と導通しておくことによりマグネシウムから鋼管塗膜欠陥部の鉄に防食電流を流入させる。

現在では、C/Sマクロセル腐食のメカニズムが明らかになったため、設計・施工時にはコンクリート構造物中の鉄筋と鋼管を絶縁するような対策が採られています。外面塗覆装については耐衝撃性・電気絶縁性能に優れたプラスチック被覆に全面的に切り替えられているので、C/Sマクロセル腐食が発生するおそれはなくなってきています。

## 12 保温材の下で起きる配管外部腐食（CUI）

### × どんなトラブルか

重油配管の保温から油が滴下しているのを発見、保温を外すと、配管の外面がかなり腐食しており、貫通するピンホールが3個見つかりました。

### ? その原因は

保温材下の外部腐食は、Corrosion Under Insulationの頭文字をとり、

CUIと略称し、非常に事例の多い腐食ですが、事例が多いのは次のような理由によるものと考えられます。
　①保温があるために、管の外表面の状態を点検できない。
　②保温外皮の接合部は施工条件や経年的に、完全防水できない場合があり、雨水や海水の飛沫による海水の侵入を許す。
　③いったん侵入した水分は保温で覆われているため、蒸発してなくなるまでに時間がかかる。
　④管外表面にできた錆びは層状をなし、外側に接して保温があるため、管外側の錆は剥離、脱落することなく、錆びの層の間に入った水分もまた、なかなか乾き切らない。
　⑤CUIの発生しやすい温度は－10℃から120℃、それも70～100℃が腐食反応のもっとも進みやすい温度と考えられる。
　CUIの起こるメカニズムは次のように考えられます。
　保温下に存在する塩素イオンは、保温材の塩素イオンが雨水で溶出したもの、また海辺では海水のしぶきが侵入し、乾湿の繰り返しにより塩素イオンの濃縮が起きます。塩素イオンの存在は、オーステナイト系ステンレス鋼ではSCCにより、また炭素鋼や低合金鋼では$FeCl_2$をつくり、これが加水分解して水素イオンを産み、pHを下げるので腐食反応が進みます。なお、ケイ酸カルシューム保温材は元来アルカリ性なので、腐食速度がロックウールやガラスウールに比べ遅くなります。

### ❗その対処法

　JEAC C3706（圧力配管及び弁類規定）では、次のようにその対処法を、規定しています。
　①屋外配管で温度100℃以下の炭素鋼、低合金鋼配管は、配管外面に防錆塗装を施すこと。100℃以上でも外面防錆塗装が望ましい。
　②オーステナイト系ステンレス鋼の場合、屋内も含め、SCCを防ぐため、塩素イオン濃度は、ケイ酸ナトリウム濃度との比において許容値以下に抑えること。ケイ酸ナトリウムはSCCの抑制効果がある。

③雨水の侵入に対しては、特に注意が必要で雨水侵入を防止する対策（注）、または、ステンレス鋼表面にエポキシ塗料（150℃以下）、あるいは特殊シリコン樹脂塗材（600℃以下）を塗付のこと。

> 注：たとえば、
> ①保温材表面と外装材の間に防水材にて、防水層を構成する。
> ②外装板金の継ぎ目をコーキング材にてシール。
> ③侵入した雨水が容易に排出されるよう、外装材の下側に水抜き孔を設ける。

④図5-103はCUIの発生しやすい箇所の例で、これらの箇所は重点的定期的フォローの対象箇所とし、検査実施ピッチとフォロー項目を明確にし、さらにプログラム化する。

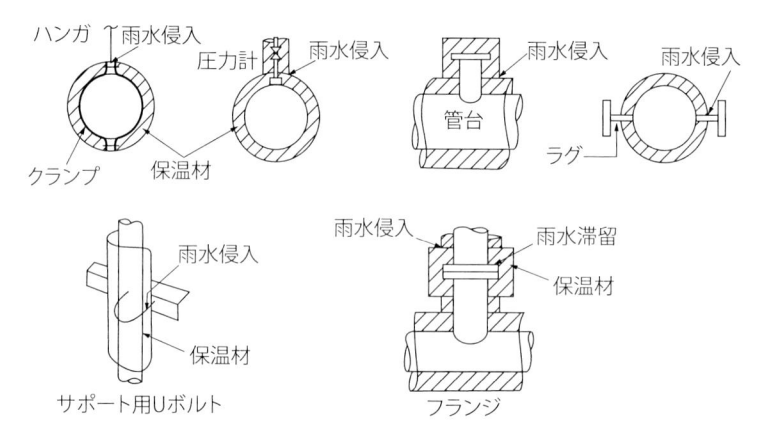

図5-103　雨水が侵入しやすい保温箇所

# 第6章

# トラブル事例
# 配管接続・配管配置編

　配管の接続と配管の配置に関係するトラブル事例です。

　配管と機器の座、自社と他社の配管、の取合箇所はトラブルの発生しやすいところなので、事前の照合が必要です。

　また、限定された空間を走る配管は、設計時点で充分、配置を考慮しておかないと、配管が通せなくなったり、据付けが困難になるトラブルが発生します。

# 1 配管接続

## 1 相フランジとのボルト穴が不一致

### ✗ どんなトラブルか

水平管から90°エルボで垂線より15°振って立ち上がる配管があり、水平管のフランジが機器ノズルのフランジ（図6-1①）と取り合います。エルボの先の直管を、垂線より15°振って、管側フランジと機器側フランジのボルト穴（図6-1②）を合わせようとしましたが一致せず、所定の配管にできませんでした。そこで水平管側フランジを図6-1③のように付け替えて所定の配管とすることができました。

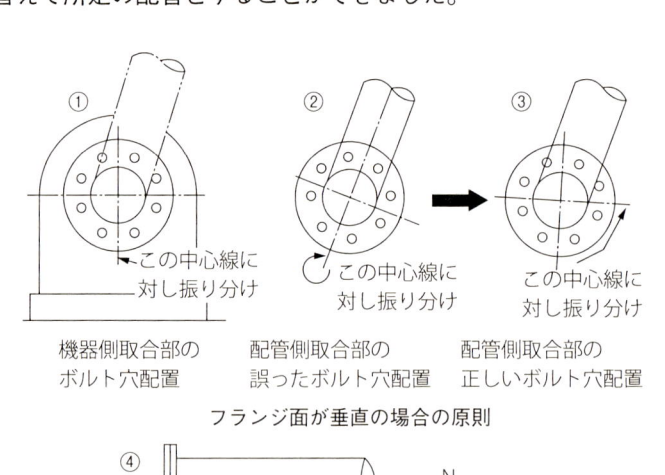

① 機器側取合部のボルト穴配置
② 配管側取合部の誤ったボルト穴配置
③ 配管側取合部の正しいボルト穴配置

この中心線に対し振り分け

フランジ面が垂直の場合の原則

④ 東西南北に対し振り分け

フランジ面が水平の場合の原則

図6-1　ボルト穴の不一致とボルト中心振り分け

## ❓ その原因は

フランジ接続のスプールをその相フランジと接続して、所定の配管形状に組立てられるためには、フランジ同士を合わせた時、双方のフランジの、PCD（ピッチ円直径）とボルト穴の円周方向位置の両方が一致する必要があります。ボルト穴が一致しない原因の多くは、ボルトの円周方向位置が互いにずれていることによります。スプールの製作者が異なる場合や、上記例のように配管と機器の取り合うところで起こりがちです。それは、双方がフランジのボルト穴配置の原則である「ボルト穴は中心線振り分け」に則っていない場合に起こります。

## ❗ その対処法

フランジボルト穴配置の原則である「ボルト穴中心振り分け」はボルト穴を中心線上に配置せず、中心線から等距離の位置に配置するというものです。その一般的な表現文としては、機器、バルブなどに対して「垂直中心線に対し振り分ける」、配管に対しては「管のすべての軸線を水平にした場合に、水平中心線に対し振り分ける」となりますが、後者の表現は万能ではありません。なぜなら、後者の表現を上記の事例に当てはめると、図6-1②の「誤った配置」になってしまうからです。つまり斜め配管や3次元のスプールに対し適用できません。それらにも適用できるようにするには、「そのスプールを据付けた状態で、フランジの水平の中心線に対し、ボルト穴を振り分ける。また、フランジ面が水平の場合（図6-1④）はプラントノース（北）を指す線を中心線として振り分ける」となります。

ボルト穴数が4の倍数の場合、水平線で中心振り分けになっていれば、垂直線でも自ずと中心振り分けとなります。

なお、斜めの配管などでは、図面にボルト穴位置を具体的に指示する方が無難です。図6-1②のボルト穴配置が誤りなのは、ボルト穴振り分けの中心線が、このスプールの据付け状態における水平線でないからです。図6-1③のボルト穴配置が正しいのは、ボルト穴振り分けの中心線が水平線であるからです。

# 1 配管接続

## 2 取合い部における突合せ溶接開先の不一致

第6章

### ❌ どんなトラブルか

設計温度550℃の蒸気管の取合位置より上流側を所管するA社は管材質に火STPA28（注）を、下流側を所掌するB社は管材質にSTPA24を選択し、溶接で取り合います。火STPA28（550℃の許容応力94N/mm$^2$）の必要厚さは29mm、STPA24（550℃の許容応力48N/mm$^2$）の必要厚さは50mmでした。それぞれの管の呼び厚さは、この必要厚さに管の負の肉厚公差などを考慮して決められました。取合い部で両者の開先は、図6-2①のように内径に大きな食い違いが生じました。

### ❓ その原因は

1つのラインを別の事業体（あるいはグループ）が分担して施工する場合、同じ設計圧力、温度であっても異なる材料を選べば、許容応力の違いから管の必要厚さが異なり、手配する管の厚さも異なることが現実に起こり得ます。管を突合わせ溶接する開先部の厚さは同じでなければならないので、このままでは溶接できません。

### ❗ その対処法

異なる事業体（グループ）の配管の取合いがある場合、計画段階で、どのような合わせ方をするか双方で調整してその方法を明確に決め、文書化しておかねばなりません。

開先部の厚さを合わせるために、厚い方であるSTPA24側の厚さを薄い方の火STPA28の必要厚さである29mmに合わせることは、厚い方の材料が強度不足になるので不可能です。このような場合は厚い方の厚さに合わせる必要があります。

開先を厚い方に合わせるためには2つの方法があります。1つは薄い

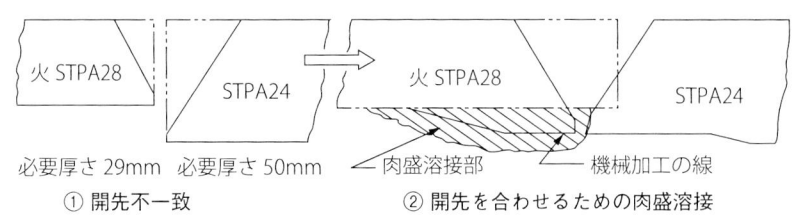

図6-2　厚さの異なる管の取合い

方の材料を溶接により肉盛溶接（図6-2の斜線部）をしてから、相手側に合わせた開先加工をする方法です。管端部内面を肉盛溶接すると、溶接金属の収縮により径がすぼまるので、これを防止するため、管外部や端部に補強をつけたり、管に余長をつけることが必要です。

　肉盛溶接を避けたい場合は、許容応力の高い方の材料で厚い方の厚さの短管（鍛造または鋳鋼）を用意します。そして、短管の一方を厚い方の開先、もう一方を薄い方の開先をとり、短管を取合い部に挿入します。

注：超々臨界圧発電用プラント用に開発された配管用9％クローム改良材。STPA24材などの低合金鋼に比べ高温の許容応力が格段に高い。

**関連知識**

**配管突合せ溶接の開先合わせにおける内径食い違いの許容値**

　突合せ溶接開先合わせにおける内径の食い違いは、放射線検査や超音波試験を実施する場合は、内径の一致することが必要です。それら検査のない場合はASME B31.1では**図6-3**のように定めています。

　非常に厚い開先端部をもった管継手や、弁などと管が取り合う時、「電気工作

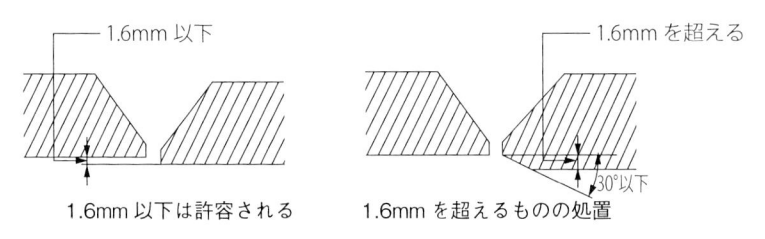

図6-3　配管突合せ溶接内径の許容される食違い

# 1 配管接続

第 6 章

物の溶接の技術基準の解釈」やASME B31.1は**図6-4**のようにすることができるとしています。コーナー部の最小曲率が定められていますが、図では省略してあります。

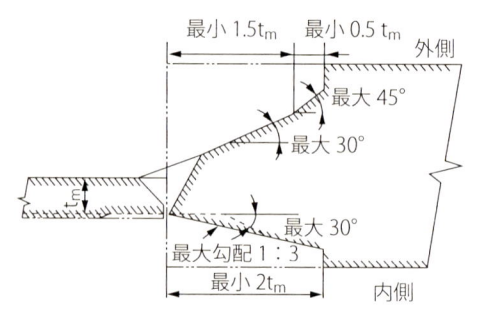

**図6-4　弁・管継手などとの取合い**

## 3 配管を誤った機器ノズルに接続

### ⊗ どんなトラブルか

ジャケット室のついた溶液タンク下部から溶液と、蒸気が凝縮した復水の各6Bの管が出ています。配管作業者は底部真下の管が溶液を排出する管であると思い込んで工事をしましたが、ラインチェックの際、配管が取違えられていることが発見されました（**図6-5**参照）

### ❓ その原因は

作業者の思い込みがありました。ラインチェック（注）により試運転に入る前に、ミスが発見されたのは不幸中の幸いでした。

注：配管・計装の据付けが終わり、それらが設計どおりにできているかをライン1本ごとに設計図書と照合・確認する作業。

## ❗ その対処法

①思い込みで仕事をせず、図面で必ず確認をする。

②据付け完了時、ラインNo.ごとにラインチェックを実施する。

③同一機器、同一口径で接続ミスが起きそうな箇所は、設計時に口径を変え、間違った接続はやりたくてもできないような構造、（これを「フールプルーフ」という）にする再発防止策もある。

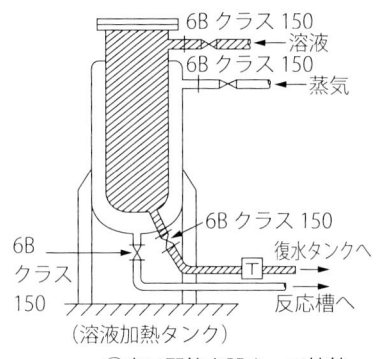

①出口配管を誤まって接続

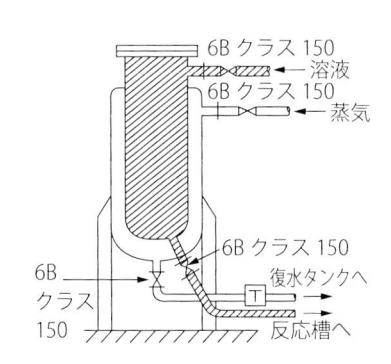

②誤まりに気づき出口配管を引き直し

図6-5　思い込みで管の接続を間違える

# 2 配管配置

## 1 他の配管と干渉して勾配配管が通せない

### ⊗ どんなトラブルか

あらかた配管のルートが決まった段階で、勾配が必要な配管を通そうとしたところ、他の配管と干渉してしまい所定の勾配を保って通せるルートが見つからず、他の配管の大幅な設計変更を強いられました。

### ❓ その原因は

建屋内配管は、その配管密度が密なエリアでは水平に通す配管のゾーンを、立体交差のように高さ方向に階層状に設けるようにすれば水平管や垂直管は、互いの干渉を避けながら曲がりの数を最小限にして通すことができます。しかし勾配のある配管のゾーンは考えてないため、後から勾配配管を通そうとすると、どこかで干渉しルートが決まった他の配管を動かし、そのため、また別の配管を動かすという連鎖的な後戻り作業に陥ることがあります。

### ❗ その対処法

勾配配管は、他の配管ルート計画に先立ち、優先的にルートを計画します（図6-6）。

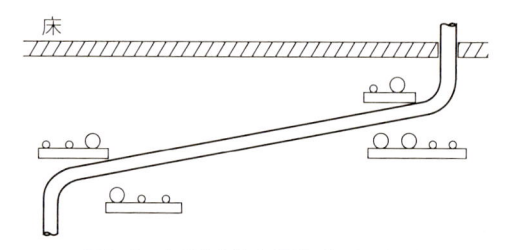

図6-6　勾配配管を優先させて通す

トラブル事例／配管接続・配管配置編

# 2 床スリーブのために配管の現場溶接ができない

## ⊗ どんなトラブルか

　床を貫通する配管を、現場で仮組みしたところ、配管の現場溶接箇所が、床貫通スリーブに近すぎて溶接できなくなりました。やむを得ず隣接する上のスプールを取り外し、当該溶接箇所を上へせり上げ、溶接後、所定位置へ戻しました。建設時の溶接はこのような便法が使えますが、プラント運用に入ってからの検査や補修は一層困難になります。

## ? その原因は

　配管設計者の責任です。配管設計者は、配管の据付けに支障をきたさない配管レイアウト、接続箇所の位置などを考えて設計すべきです。

## ? その原因は

　溶接の場合、溶接線に目が届き、溶接トーチ（溶接棒）が入り、自由に運棒できる広さが必要です。フランジ接続の場合、スパナ、トルクレンチを使うので、ボルト中心から1m程度の空間が欲しい（図6-7）。

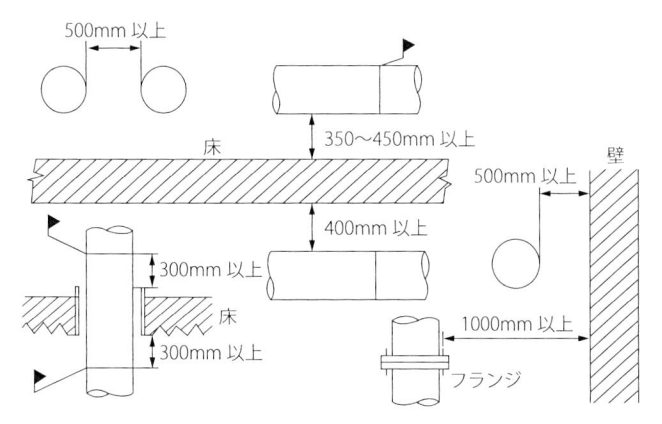

**図6-7　12B以上の配管据付けに必要なスペースの目安**

## 2 配管配置

### 第6章

## 3 防災上安全でない配管

### ❌ どんなトラブルか

　安全弁出口配管の放出口が機器プラットフォームの脇に、床面より1.5mのところに開口していました。安全弁が吹いた時、プラットフォームにいる人に危険が及ぶこともあります（図6-8①）。

　また制御油圧配管から漏れ、チェッカープレートに落ちた油が床下のH形鋼に伝わり、その下端に取り付けられていた蒸気管のハンガーロッドを伝って蒸気管の保温下に達し発火しました（図6-8②）。

### ❓ その原因は

　流体が放出した場合、あるいは漏れた場合、どんなことが起こるかを想定せずに計画した配管レイアウトは危険が潜んでいる可能性があります。

### ❗ その対処法

　人身事故、火災、短絡事故などを防ぐ対処法の例を示します。
　①安全弁の放出先：パトロール員やオペレータの安全を考慮し、付近で一番高い操作架台の床上3m以上で、上方または横方向へ出す。
　②高温蒸気管と油管はできるだけ離し、油管の下方に平行して蒸気管を通さない。③油管、水系管（特にフランジ部）は電気盤から離す。

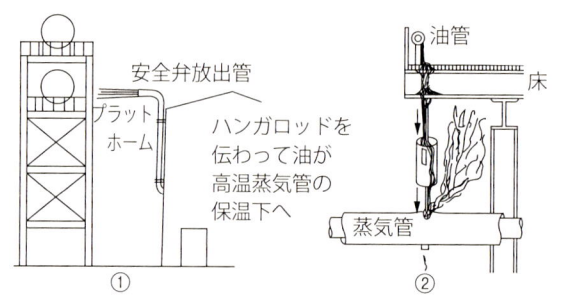

**図6-8　安全でない配管**

# 第7章

# トラブル事例
# 調達・製造・据付編

　「調達」は購入仕様書や客先仕様書、調達品メーカの管理などにおいて、また「製造」、「据付」は配管の溶接作業、フランジのボルト締結作業などの周辺において、トラブルになることがあります。

# 1 調達・製造・据付

## 1 「ブラックボックス」と「暗黙の了解」という落とし穴

### ❌ どんなトラブルか

配管装置には、弁、配管スペシャルティなど専門メーカから完成品として購入する、かなり精緻で複雑な製品がありますが、完成購入品であるが故に生じるトラブルがあります。

【例1】 弁メーカより購入した電動弁の駆動装置が故障した。調査すると、内部の部材の一部が疲労破壊していた。その部材は従来の設計を変えており、まだ運転実績のないものだった。設計を変更した事実は事前にメーカより伝えられていなかった（図7-1参照）。

【例2】 エアシリンダ付き逆止弁を、今まで発注したことのないメーカに発注した。収められた弁にはリミットスイッチ用ケーブル接続端子箱が付いていなかった。原因は購入仕様書に端子箱付きの記載がなかったためである。従来のメーカとその昔、打合わせで端子箱付きとし、購入仕様書に反映せぬまま、"慣習"できてしまっていた（図7-2参照）。

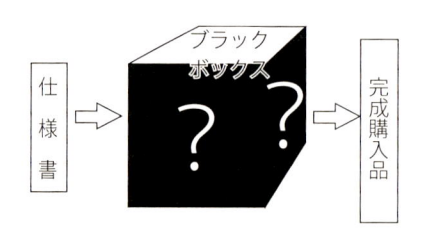

図7-1 完成購入品はブラックボックス

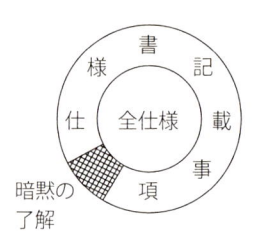

図7-2 暗黙の了解事項

## ❓ その原因は

【例1】 技術変更管理がトラブル防止に重要であることは、第2章❷-❾で述べた。完成購入品は専門性の高い、複雑な製品の場合、ユーザのエンジニアにとって、"ブラックボックス"として構造を仔細に把握していない部分が残される。その部分に設計変更があっても、メーカから申告がなければ見すごされる。

【例2】 従前のメーカとは当初からの経緯で暗黙の了解があり、問題なくきている場合、購入先が新規メーカに変わると暗黙の了解が相手に伝わらず、その部分で問題が起きることがある。

## ❗ その対処法

【例1】 新技術採用(技術変更も含む)箇所は、それまで実際に使用・運転された実績がないため、トラブルの種が潜んでいる可能性が高くなる。その趣旨をメーカにも理解してもらい、技術変更があったら、それを申告してもらい必要あれば説明してもらうようにすべきである。重要な変更については、メーカと合同でデザインレビューを実施することも必要になる。

【例2】 購入仕様書には、発注者の要求事項をもれなく記載すべきである。仕様書には書いてないが、メーカとは長い付き合いで慣習的に守られていることがある。発注者はそれを忘れていてメーカを変えた時に気づかされる。このようなミスを防ぐため、メーカを変更した場合、従来メーカの図面・仕様と新規メーカのそれらとを詳細に照らし合わせるのもミスを防ぐ1つの手立てである。

見積用に購入仕様書を外国のメーカへ発行する場合、特に注意を要するのは、国ごとに習慣の違うことです。日本で常識になっていることが、相手国では通用しないことがあり、外国は契約社会であるから、「書いてないことは守られない」と考えて、仕様書は用心深く、日本人にとってはくどいと思われるほどに書いておく必要があります。

# 1 調達・製造・据付

## 第7章

## 2 年度ごとに改訂される基準類

### ✗ どんなトラブルか

強度計算を手元にあるASME B31.1 Power Piping 2007年版の式で行い、必要厚さを出し、管を手配しました。ところが、客先購入仕様書では、B31.1 2010年版となっていました。2010年版では、クリープ域にある長手継手のある管は、強度計算式に溶接強度低減係数を適用することになっており、これに該当する管の強度計算をやり直すと、必要厚さを割り込むことがわかりました、その結果、材料の再手配、改造に多大なコストがかかり、納期遅れを発生させてしまいました。

### ? その原因は

客先の購入仕様書には、適用する基準類の名称の外に、それらの発行された西暦も記載されています（最新版と書かれることもある）。その発行年はその時の最新版の発行年とは限りません。そして基準類は発行の度にかなり頻繁にいろんな箇所で改訂がなされます。

基準の年度版により、内容が異なる例としてASMEの比較的最近の年度版で、どのように変遷しているかを管の内圧に対する必要最小厚さの式について見てみます。

・ASME B31.1 2007年より前の管の必要厚さの式、

$$t_m = \frac{PD_0}{2(SE+Py)} + A \quad \text{または} \quad t_m = \frac{Pd + 2SEA + 2yPA}{2(SE+Py-P)}$$

ここに、$t_m$：必要最小厚さ、$P$：設計圧力、$D_0$：外径、$d$：内径、$SE$：長手継手効率を含めた許容応力、$y$：温度で決まる係数、$A$：付加厚さ。

当時、ベンドの必要厚さの計算式はありませんでした。

・ASME B31.1 2007年版で、上記の強度計算式の外に、新たにベン

ド部の必要厚さの式が追加されました。

$$t_m = \frac{PD_0}{2(SE/I+Py)} + A \quad \text{または} \quad t_m = \frac{Pd+2SEA/I+2yPA}{2(SE/I+Py-P)}$$

ここに、$I$：ベンドの内側、外側、中立軸別に定められた応力集中係数（計算式あり）。他の記号は2007年版の管の式の記号と同じです。

・さらに、ASME B31.1 2008年版で、クリープ域で使用する長手継手溶接、スパイラル溶接のある、直管に適用する式が追加されました。

$$t_m = \frac{PD_0}{2(SEW+Py)} + A \quad \text{または} \quad t_m = \frac{Pd+2SEW+2yPA}{2(SEW+Py-P)}$$

ここに、$W$：溶接継手強度低減係数。

他の記号は2007年版の管の式の記号と同じ。

クリープ域で使用する、長手溶接、スパイラル溶接のあるベンドの式を特別に掲げていませんが、これらのベンドについては、直管と同じように溶接継手強度低減係数を適用するように文章で求めています。

## ❗ その対処法

基準類は発行される度に若干の改正、追加、削除などがあるので、必ず購入仕様書が指定する年度版の規格に従い、調達、設計、製造、検査、据付けなどを行わねばなりません。また、指定された年度版を無視して最新版でやっておけばということにもなりません。指定された年度版が、最新の年度版よりも要求がきびしい場合もあるからです。

> **山椒の実**
> 
> **技術文献、規格などを閲覧できるところ（下記以外に国立国会図書館）**
> - 日本規格協会：明るい瀟洒な閲覧室でJIS、ISO、BS(EN)、ASTM、ASME、など（最新版のないものもある）を見ることができる。ASMEの一部は和訳されたものもある。
> - 神奈川県立川崎図書館：科学、技術専門の図書館。JIS、ASTM、JPIなどの規格類もある。

# 第7章

## 3 溶接すれば部材は変形する

### ✕ どんなトラブルか

【例1】 JIS10K、36Bの板フランジを管に溶接したところ、ガスケットの当たり面が凸になる反りを生じた（一般に口径の大きいほど変形しやすい傾向がある。図7-3①）。

【例2】 管台溶接による管寄せ（ヘッダ）を作製したところ、母管の管台側が収縮するように若干変形した（図7-3③）。

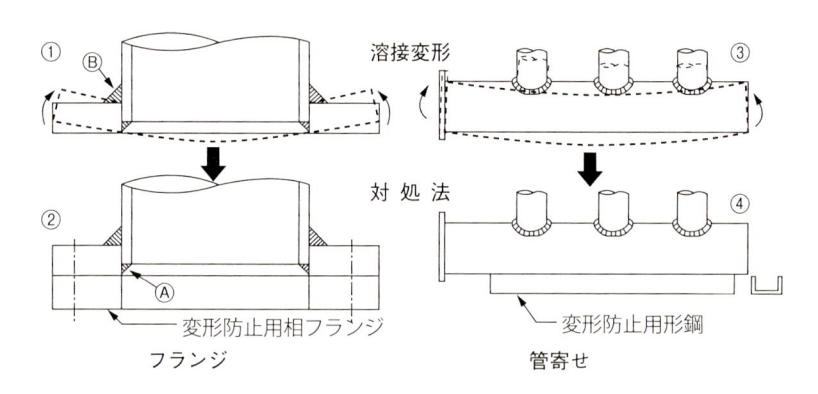

**図7-3 フランジ溶接と管寄せの溶接変形と変形防止**

### ❓ その原因は

溶接部の溶着金属は冷える過程で、その幅に比例して幅方向に収縮します。それに引張られて部材が変形します。

図7-4では、溶接部の上方が開先の幅が広いので、下方より収縮量が大きくなります。もしも溶接された部材を拘束するものがなければ、この上下方向に異なる収縮量により、部材に曲がり（本例では下に凸）が生じます。

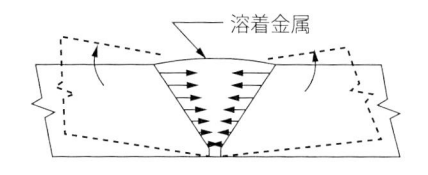

図7-4 溶接変形の原理

### ❗ その対処法

溶接変形を抑制する方法として、①溶接順序を考える。フランジの例では、まずフランジ内側のⒶを溶接、次にフランジ外側のⒷを溶接する。②不必要に脚長、のど厚を大きくしない、③溶接時、部材が変形しないように剛性のある部材を抱き合わせる（図7-3の②、④）などがあります。

## 4 溶接施工法確認試験記録がないと溶接できない

### ❌ どんなトラブルか

法の規制を受ける配管において、溶接施工法確認試験記録をもっていない配管溶接箇所のあることがわかり、急遽、当該溶接の溶接施工法確認試験を実施したが、工程の進捗に問題を生じました。

### ❓ その原因は

公共設備の配管の溶接は配管装置が持続して安定した運転ができ、事故や人災を起こさないために、その性能、品質はある水準以上のものが要求されます。一方、配管の溶接は管内に人が入れないため、そのほとんどが管外面から溶接を行う片側突合せ溶接のため、裏波溶接が要求され、溶接作業者の技量とともに、その溶接に適した溶接施工法を確認するこ

# 1 調達・製造・据付

第7章

とが重要となります。

そのような観点から、プラント設備やガス事業の機器・配管の、ある口径、圧力を超えるものは当該事業に応じた電気事業法、ガス事業法、労働安全衛生法などの法の適用を受けます。法の適用を受ける配管の溶接に対しては、次のように溶接施工条件の確立と溶接方法の管理を行わなければなりません。

まず、要求される継手性能を得るために、使用する溶接方法ごとに、基本的要求事項を確認する「溶接施工要領書（略してWPS）」を作成し、次に、その溶接方法が仕様通りの機械的性質、品質、溶接性などを満たしているか、総合的に判断を下すための溶接施工法確認試験を実施します。そして審査機関により合格したものは、「溶接施工法確認試験記録（略してPQR）」として保管されます。法の規制を受ける配管は、このPQRにある溶接方法しか使えません。

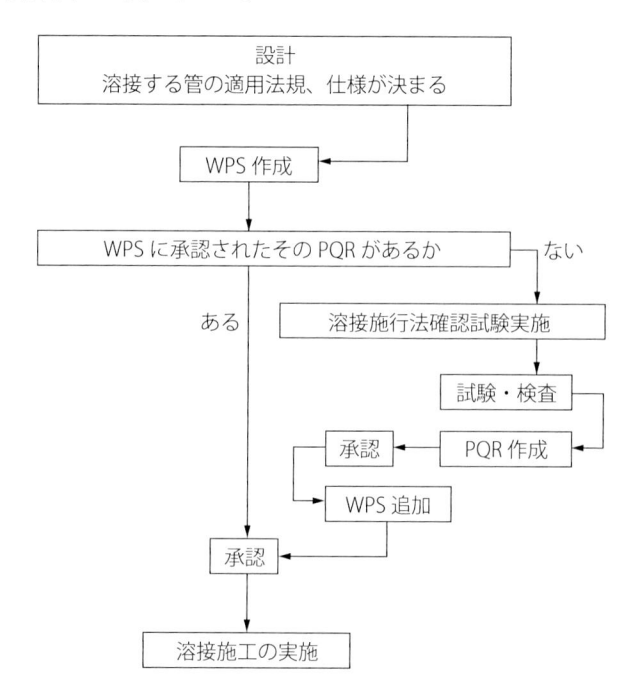

**図7-5　溶接施工法確立の手順**

WPS、PQRを準備していく手順を**図7-5**に示します。WPSには、溶接部の機械的性質に影響を及ぼす、母材、溶接方法、溶接材料、予熱・後熱処理の有無などの必須要素に加え、溶接部の機械的性質に影響を及ぼさない開先形状、裏はつりの有無、溶接棒の径、ピーニングの有無、清掃方法などの非必須要素を記載します。

　WPSは、溶接作業者（溶接士ともいう）に対する指示書でもあります。

　WPSにある溶接法は、PQRにて溶接継手性能が確認されていなければ、有効なものとなりません。溶接施工法確認試験は、WPSの内容にしたがい、各法規・規定（すなわち電気事業法、ガス事業法、労働安全衛生法「ボイラー及び第1種圧力容器の製造許可基準」）やASME Sec.Ⅳ、JIS B 8285「圧力容器の溶接施工方法の確認試験」の規格などに基づき実施されます。

　保管されているPQRにない溶接方法は、新たに溶接施工法確認試験を受け、合格してPQRを取得せねばなりませんが、取得済みのPQRの区分の内容とまったく同じでなくとも、区分の内容の範囲内のものがあれば、試験を行う必要はありません。

## ❗ その対処法

　PQRを必要とする工事において、直前になってPQRがないと気がついた場合、その準備は試験に使う母材から調達しなければならない場合もあり、溶接に着手するまでにかなり長期のリードタイムを必要とし、工事進捗の日程に重大な支障をきたすことがあります。

　したがって、溶接施工法に関しては設計の早い段階、材料、配管サイズ、肉厚などがほぼ決まった時点で、もっとも早い段階のデザインレビューにて取り上げ、その工事に必要なすべての溶接区分のPQRがあるか否か確認し、必要な措置をとっておく必要があります。

# 1 調達・製造・据付

第7章

## 5 フランジはもっとも漏れやすい箇所

### ✕ どんなトラブルか

定期検査にて20B蒸気管フランジのガスケット交換を行い、運転を再開したところ、フランジ部から若干の漏洩が見られました。

### ? その原因は

配管においてフランジ接合部はもっとも漏れやすい箇所です。フランジの漏れの原因として次のようなものが考えられます。

① 選択したガスケットが流体の種類、圧力、温度に対し適切でなかった。
② フランジの芯ずれやフランジ当たり面の傾きが大きかった。
③ ボルトの締付けが規定トルク以下であった。
④ 締付け後のフランジ間隙が部分的に分解前の間隙値より大きかった。
⑤ フランジのガスケット当たり面に反りがあった。
⑥ ガスケットが所定の位置からずれていた。
⑦ ガスケットのずれ止めにテープ類を使用した。

### ! その対処法

フランジ分解、ガスケット取り替え、ボルト締付けに際しては、一般に次のようなステップを踏みます。

① フランジ分解に際し、ボルトを緩める前に上下左右4点以上のフランジ間隙をマーク、測定、記録する。これをボルト締結時の参考とする。
② ボルト全数抜き取り後、フランジ面の開放前に面の傾き（開き）、芯ずれ、を測定、記録（上下左右4カ所以上）。ASME B31.3 Process Piping が規定する許容値を**図7-6**に示す。
③ フランジ面を開放し、ガスケット当たり面の傷の有無を調査、必要あれば手入れをする。ガスケット当たり面の反りを測定、記録する。

④ 指先で赤ペンを当たり面に塗布し、ボルトを軽く閉め、当たりの確認をする。あるいは隙間ゲージでフランジ間隙を測定、記録する。これらをボルト本締め時の参考とする。
⑤ 間違ったガスケットの挿入を防ぐため、新・旧ガスケットを比較して、寸法、品種銘柄、などに相違点がないかを確認する。
⑥ ガスケットずれ防止にセロテープやガムテープを使用しない。
⑦ 芯ずれがある場合は芯合わせを行う。
⑧ ①〜④の測定記録などを把握し、フランジ間隙の広い方から順次狭い方へと閉め、ボルト全数を一巡する。
⑨ 図7-7に示す「たすき掛け」順序で、規定トルクの30％、60％、100％でおのおの一巡します。規定トルクはガスケットとボルト材質で変わる。
⑩ ⑧と⑨の作業過程において、フランジ間隙を測定し、間隙が開きすぎているところは、ボルトを締め込む。ボルトの締付けトルクは、ボルトとナットのねじ部、ナットの座面が錆びたり、荒れた状態だと規定トルクで絞めても、所定のボルト軸力が得られず、結果としてガスケットの必要面圧が得られない。したがってボルト、ナットの手入れが重要であり、また潤滑材をねじ部、ナット座面に使用する。

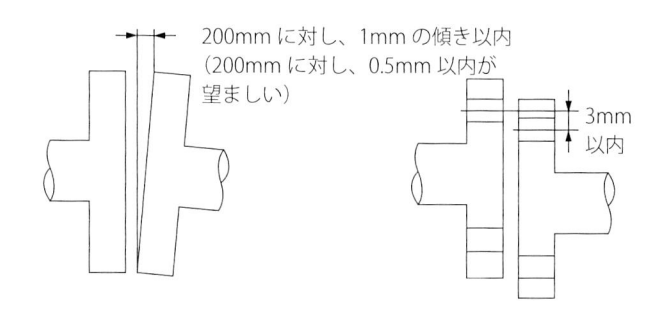

**図7-6　フランジ当たり面の許容傾きと芯ずれ**

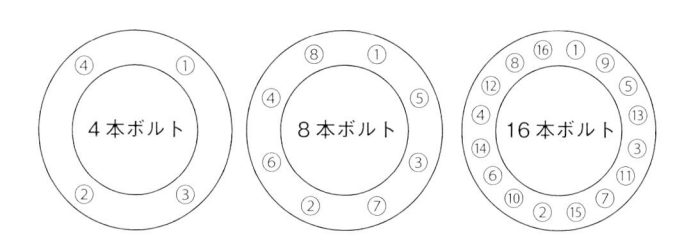

**図7-7　ボルトの締付け順序**

# 1 調達・製造・据付

第7章

## 6 アスベストフリーのジョイントシートは熱で硬化する

### ✗ どんなトラブルか

アスベストをまったく含まないガスケットであるアスベストフリージョイントシートを設計圧力2.5MPa、温度190℃のラインのフランジに使い、昇温して時間が経ってから増し締めをしたところ漏れ出しました。

### ? その原因は

石綿ガスケットが健康被害の観点から使用できなくなり、代わって登場した石綿を含まないアスベストフリージョイントシートは、強度とシールの役割を果たす繊維類を固めるのに、合成ゴム系のバインダ（固着材）を使用しています。バインダは温度が高くなると硬化する（煎餅のようになる）性質をもっているので、昇温による硬化後に増し締めすると、割れが入って漏洩あるいは漏洩量が増えることがあります。

### ! その対処法

図7-8は代表的なアスベストフリージョイントシートを適用できる圧力温度範囲を示しています。一般には100℃以下の運転温度の配管に使用します。そして、昇温後、少し時間の経過したものはガスケットが割れる可能性があるので、増し締めをしないようにします。

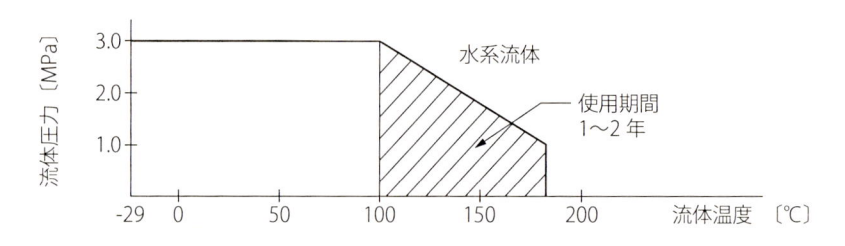

図7-8 アスベストフリージョイントシートの使用範囲の例

# 第8章

## トラブル事例
## 配管コンポーネント編

　本章では、配管の構成要素であるバルブ、特殊機能をもつスペシャルティ（ストレーナ、伸縮管継手、スチームトラップ、破裂板、計器）、それにハンガサポートに関連するトラブルを扱います。

　このうちバルブは使用される数量が多く、かなり過酷な使われ方もするので、起きるトラブルの数は配管装置の中でもっとも多いと考えられます。

# 1 バルブ

## 1 仕切弁で起こるトラブル

### ⊗ どんなトラブルか

　図8-1は、仕切弁を例に過去に起きた代表的なトラブルを、バルブ略図上のトラブルの起きた場所に記入したものです。昔、交通事故の起きる場所が一目でわかるように、道路地図の事故現場に事故1件につき赤いマッチピン1本を指し、事故多発地点を示す方法がありました。これもその一種で「トラブルマップ」とも呼べるものです。

　図中の「操作機の選定ミス」は減速機付き、または駆動装置付きとすべきところを、手動ハンドル車にしたため、あるいは駆動装置のトルク不足のため、弁の開閉が困難になったような事例を指します。

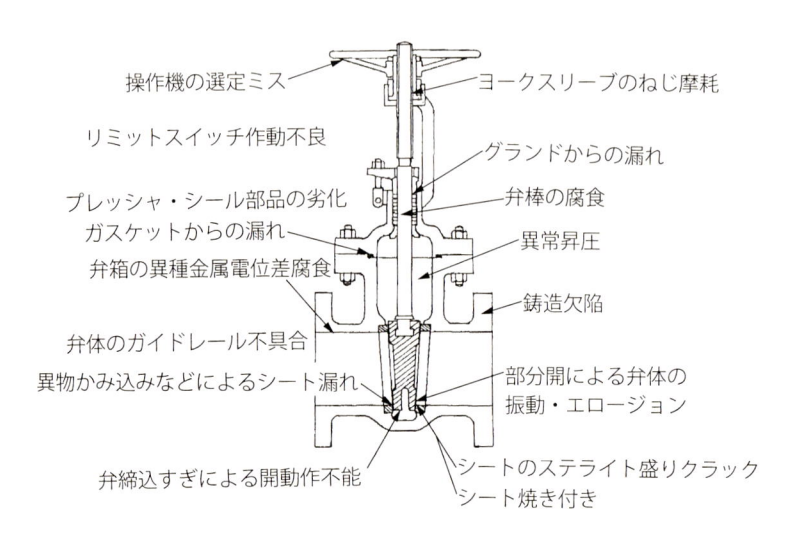

操作機の選定ミス
ヨークスリーブのねじ摩耗
リミットスイッチ作動不良
グランドからの漏れ
プレッシャ・シール部品の劣化
弁棒の腐食
ガスケットからの漏れ
異常昇圧
弁箱の異種金属電位差腐食
鋳造欠陥
弁体のガイドレール不具合
部分開による弁体の振動・エロージョン
異物かみ込みなどによるシート漏れ
弁締込すぎによる開動作不能
シートのステライト盛りクラック
シート焼き付き

図8-1　仕切弁のトラブルマップ

トラブル事例／配管コンポーネント編

# 2 スイング逆止弁で起こるトラブル

## ❌ どんなトラブルか

図8-2は、逆止弁の中でもっともポピュラーなスイング逆止弁において、過去に起きた主なトラブルを弁の略図上に記入したものです。

押さえボルトの折損およびナット、弁体の脱落は本章14で、弁体のチャタリングは本章18で説明します。

弁体押さえボルトの摩耗折損は、一般に弁体は流れにより自由に回る構造になっているため、ボルト押さえが時間の経過とともに摩擦で摩耗し、細くなり、ついに折損し弁体が脱落してしまうことがあります（本章14）。

逆流時に急閉すると、ウォーターハンマが起きる可能性のあるときは、全閉間際で弁閉鎖スピードを落とせるようなダッシュポットを付けることもあります（第5章64）。

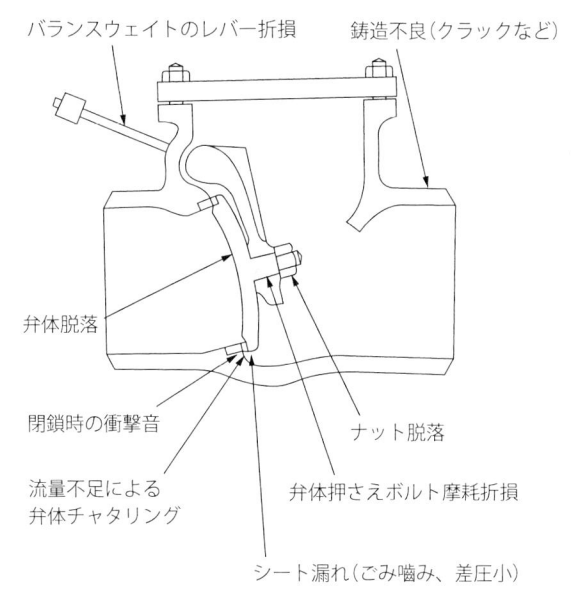

図8-2 スイング逆止弁のトラブルマップ

# 1 バルブ

## 第8章
## 3 バルブにもっとも多いシートリーク

### ❌ どんなトラブルか

図8-3に示す設備において、右方に位置する加熱槽が故障したため、ポンプBを止めました。ポンプBの停止で移送ポンプAが自動停止し、調節弁は全閉しました。しかし、弁シート（弁座）に異物を噛み込んだため、全閉できずにデイリータンクに溶液が漏洩しつづけ、液位が異常に高くなったのを発見、調節弁下流の隔離弁を閉め、液位の上昇を止めました。

弁シートに異物を噛み込むと2次側への漏洩、シートの損傷、またバルブを開けようとしても開かないなどの不具合が出ます。

### ❓ その原因は

バルブのシートリークは弁で起きるもっとも多いトラブルの1つですが、その原因で多いのはシートのごみ噛みです（図8-4参照）。

シートに挟まる異物は、建設あるいは定期検査後の機器、配管内の清掃不十分や、上流にストレーナがないなどによる外部からの異物、管内で生成した錆び、海洋生物（フジツボなど）、そして堆積・付着するシリカ（海洋生物死骸中の二酸化ケイ素が堆積、固化したもの）などがあります。

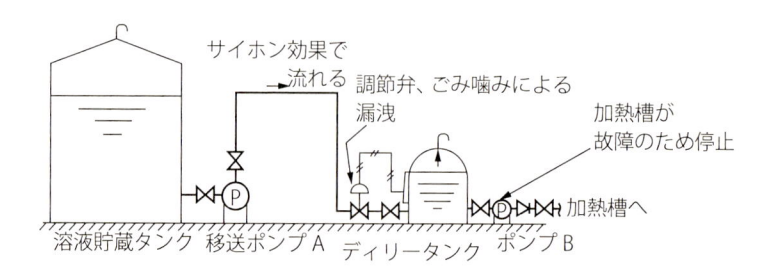

**図8-3　調節弁のごみ噛みによる漏洩の例**

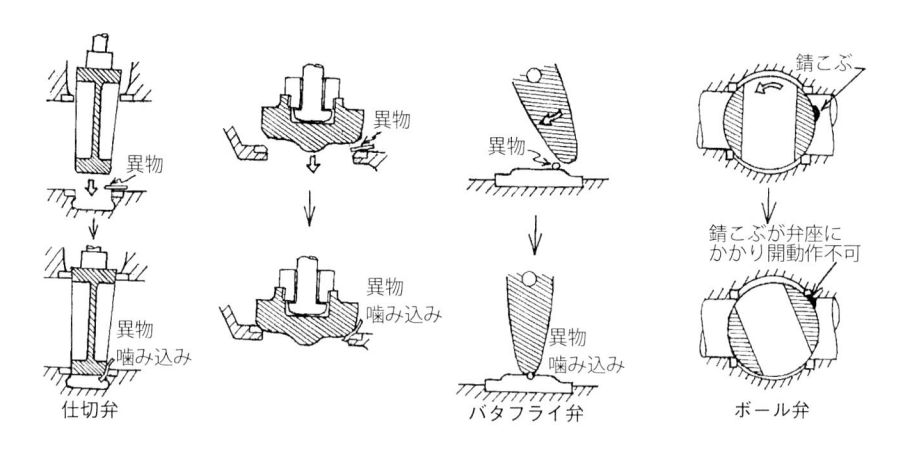

図8-4　ごみ噛みの起こる過程のイメージ図

頻繁に開閉する調節弁、吹出し後のハンチングで頻繁に全閉動作を繰り返す安全弁などでよく起きるトラブルです。

### その対処法

ごみ噛みを防ぐには特効薬はありませんが、上流側の機器、配管を開放した場合は清掃、洗浄を十分にやること、ごみが心配な調節弁は弁の直前に80メッシュ程度のストレーナを置くこと（安全弁は入口は流速が速いのと、圧力損失になるのでストレーナ設置は不可）などがあります。管内生成物などに対しては定期的に手入れすることが効果的です。

### 関連知識

**電動弁のシーティング方式**

電動で仕切弁を閉める時、一般に低圧弁は弁体前後の差圧が小さく、弁体下流側の座を弁箱下流側の座に押し付けるシート面圧が十分でないため、面圧に必要なトルクを検出してトルクスイッチにより全閉し、弁体をしっかり締め込みます（トルクシーティングといいます）。

一方、高圧弁は弁体前後の差圧により、十分なシート面圧が得られるので、一般にしかるべき弁体位置をもってリミットスイッチにより全閉とします（ポジションシーティングといいます）。玉形弁はすべてトルクシーティングです。

# 1 バルブ

## 第8章
## 4 弁体回転による弁体脱落

### ❌ どんなトラブルか

【例1】 玉形弁を全閉にしても流れが止まらないので弁ふたを開けると、弁押さえ（図8-5参照）の内側が摩耗し、弁体が脱落していた。

【例2】 運転開始して半年後、ポンプが停止するとポンプ出口にスイング逆止弁が設置されているのに逆流が起きた。逆止弁の弁ふたを開けてみると弁体押さえボルトが摩耗、折損し、弁体が脱落していた。

【例3】 運転中、スイング逆上弁内で異音がするので開けてみると、弁体ナットが外れ、弁体が脱落していた。

### ❓ その原因は

仕切弁、玉形弁、スイング逆止弁、ボール弁などは、一般に弁体が弁棒に完全固定されていません。完全固定すると弁体が弁棒に拘束されて、弁体が弁座へ密着しない可能性があるからです。したがって、弁体はある程度ぐらつくようになっています。そのため玉形弁、逆止弁の場合、流れの乱れにより、弁体は弁棒のまわりを自由に回転します。弁体の回転は、弁体座と弁箱座の当たる位置が固定化しないという利点がある反面、弁体の回転摺動部が摩耗する恐れがあります（図8-5、図8-6）。

【例1】 玉形弁では、全開に近い状態で流速が速い場合、弁体は振動し、回転してしまうことがある。流れによる弁体の振動と回転により弁押さえと弁棒がこすり合って、両者が摩耗し、弁押さえの内径が弁棒下端のつばの径より大きくなると、弁体は弁棒からすり抜けて脱落する。弁棒つば部が弁体とこすって摩耗して、弁体が脱落することもある。

【例2】 逆止弁も流れによる弁体の振動と回転により、弁体押さえボ

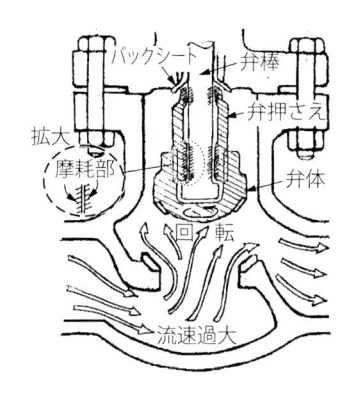

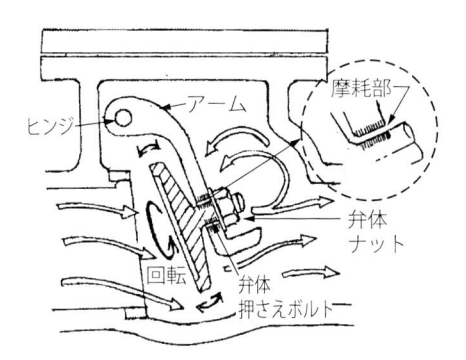

図8-5　玉形弁の弁体回転　　図8-6　スイング逆止弁の弁体回転

　　　ルト（メーカによって名称が異なる）とアームのボルト穴が
　　　摩耗する。そのため、弁体押えボルトとボルト穴のクリアラ
　　　ンスが大きくなり、逆流が生じた時、弁体が弁座のセンター
　　　に着座できなくなり漏洩が激しくなる。摩耗がさらに進めば
　　　弁体押えボルトが折損し、弁体が脱落する。
【例3】逆止弁の弁体は流れにより振動と回転をするので、弁体の脱
　　　落を防止している弁体ナットは緩み止めをしっかりしておか
　　　ないと緩んできて脱落し、弁体も脱落する。

## その対処法

【例1】高差圧、高流速の玉形弁は、弁棒・弁体勘合部にあるガタに
　　　起因する振動を抑えるため、弁発注時に"弁体ガイド付き"を
　　　メーカと相談して付けるのも1つの策である。また全開に近
　　　い状態で使う場合は、全開にしてバックシートを利かせて振動、
　　　回転を抑える方法もある。
【例2】弁体の回転のみ止めて、弁体の動きはルーズにしておく方法
　　　の例を図8-7に示す。アームを両側から挟み込むつばを弁体
　　　から出す方法、アームと弁体を連結するピンを挿入する方法
　　　などがある。

205

# 1 バルブ

第8章

【例3】 スイング逆止弁の弁体ナットの緩み止めの案を図8-8に示す。ナットと弁体押さえボルトに割ピンを通す方法、ナットと弁体押えボルトを溶接してしまう方法などがある。

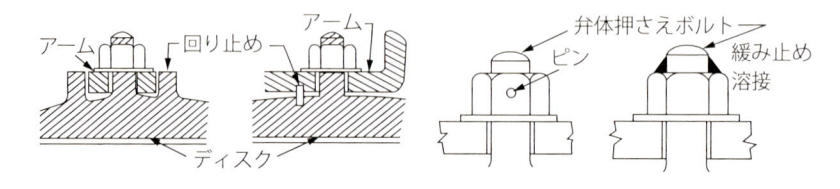

図8-7 弁体の回り止め　　図8-8 弁体ナットの緩み止め

# 5 流れ方向のあるバルブ

### ✖ どんなトラブルか

　上流と下流におのおの2重偏心式で、金属性弁座のフランジレスバタフライ弁（ウェハ形バタフライ弁の一種。ハイパフォーマンスバルブとも呼ばれる）がある管路において、2つのバルブに挟まれた部分の耐圧試験のため、上流、下流のバルブを締切り、圧力を上げたところ、上流のバルブのシートリークが止まりませんでした。バルブは流れ方向の指定のあるバルブで、管路の流れ方向に合わせて設置されていました（図8-9参照）。

### ❓ その原因は

　バルブや配管スペシャルティには流れ方向が定められていて、その反対方向に使うと何らかの機能障害が出るものがあります。
　本事例の、2重偏心で金属シートのバタフライ弁は流れ方向の決めら

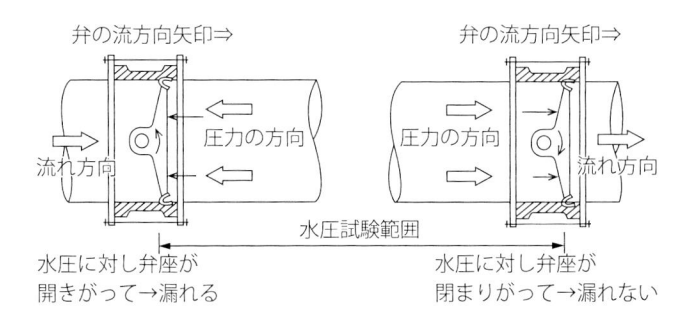

**図8-9　上流側のバルブが下流からの圧力に対し漏洩**

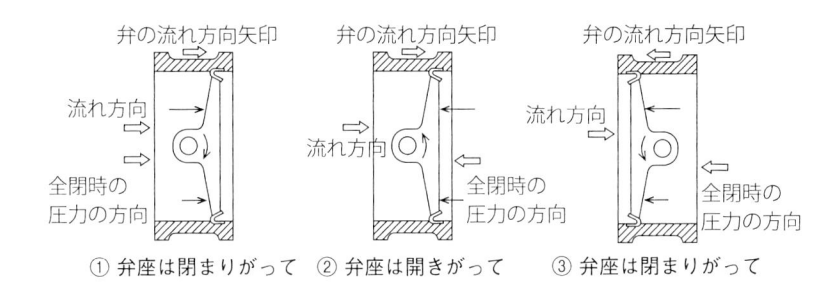

**図8-10　ハイパフォーマンスバタフライ弁の方向性**

① 弁座は閉まりがって　② 弁座は開きがって　③ 弁座は閉まりがって

れた弁です。この種のバルブは、図8-10①のように、バルブを閉めきった時、流れ方向からの圧力に対しては、弁体が弁座を押し付けるようなトルクが生まれるので気密性がよい反面、図8-10②のように、流れ方向と逆方向から圧力がかかると、弁体はシートから離れる方向のトルクが生まれるので、気密性が落ちてしまいます。

　図8-9の上流側バルブは上流からの流れを閉止する場合、図8-10①の向きで問題ありませんが、本事例の水圧試験のように下流から圧力がかかる時、図8-10②に該当し漏れやすくなります。そこで上流側バルブを図8-10③のように、バルブの流れ方向矢印を管路の流れ方向と逆向きに設置すれば、水圧試験による下流からの圧力に対して閉止することができます。

# 1 バルブ

## ❗ その対処法

　上流と下流のバルブを閉めて、この間の水圧試験をするなら上流側バルブは、流れ方向と逆向きに据付ける必要があります。しかし、このようにすると上流からの流れをバルブが締め切った時、漏れやすくなります。運転上から、上流側バルブの向きを流れの向きに合わせる必要がある場合は、水圧試験方法を配管の計画段階において考えておくべきです。

### 関連知識

　流れ方向があり、弁箱に流れ方向の矢印のあるバルブは、他にすべての種類の逆止弁、ほとんどの玉形弁、異常昇圧対策弁などがあります。
　玉形弁が弁座の下から上へ流すのは、主に次のような理由によります。
①その方が一般的に圧力損失が小さい。
②2次側（弁座の上側）の圧力の低い側にグランドパッキンがあるので、外部への漏洩に対し有利である。

## 6 仕切弁、ボール弁の中間開度での使用

### ❌ どんなトラブルか

【例1】流量が多すぎるため、仕切弁を中間開度で長く運転した結果、弁体出口側の弁箱座に弁体座ステライトがぶつかり合ったような小さな圧痕ができ、その近くにエロージョンによると思われる浸食跡もあった。

【例2】流量が流れすぎるため、ボール弁を中間開度で長く運転した結果、弁箱座が損傷し、全閉しても漏洩が止まらなくなった。

### ❓ その原因は

【例1】第8章1の4で説明したように、仕切弁においても弁体座が

下流の弁箱座に密着できるように、弁体が多少動けるようになっている。中間開度での弁開口部は絞りとなり、弁体下流で非常な乱れを生じ、弁体が振動し、弁体座と弁箱座がぶつかり弁箱座を傷つけた（図8-11参照）。

【例２】 一般のボール弁の中間開度では、図8-12に見るように弁箱座は、一部が流体中に露出しており、弾性的なエラストマ（樹脂やゴム）を使っているので長時間、中間開度で運転すると弁箱座が傷つきやすい。

## その対処法

仕切弁、一般のボール弁は中間開度で長時間使用しないようにします。

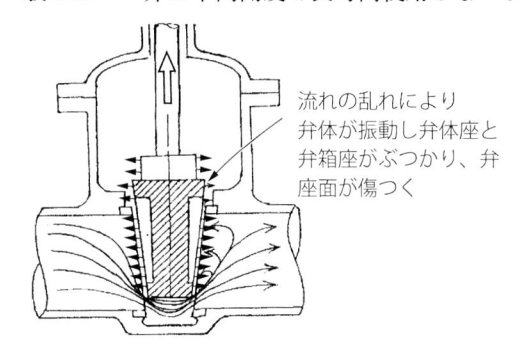

図8-11　仕切弁絞りによる弁体振動

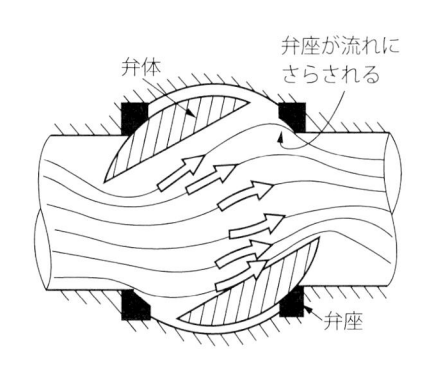

図8-12　ボール弁絞りによる弁座の損傷

# 1 バルブ

## 第8章

# 7 絞り弁のオーバーサイジング

### ❌ どんなトラブルか

流量が計画流量に対し流れすぎるため、玉形弁を小開度まで絞り込みました。その結果、バルブに振動と騒音が出てしまいました。

### ❓ その原因は

玉形弁は中間開度で使えるバルブですが、一般的に開度を10%程度以下にすると、振動、騒音さらにキャビテーションエロージョン（浸食）による減肉などが起こる可能性があります（図8-13）。

### ❗ その対処法

このトラブルの原因は通常の運転流量に対し、バルブサイズが大きすぎるためです。それを防ぐには各運転モード、たとえば最大流量、通常流量、その他の運転モードの各流量と、おのおのの差圧など絞り弁要項を一覧表にまとめ、それをベースに最適のバルブサイズを決めるようにします。

また弁体形状により、流量等の調節のしやすさが変わります。平形、コニカル形、パラボリック形、ニードル形の順にバルブ特性がオンオフからリニア特性になっていくので調節しやすくなります（図8-14参照）。

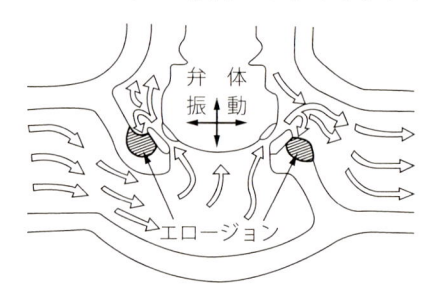

図8-13　絞りすぎると浸食

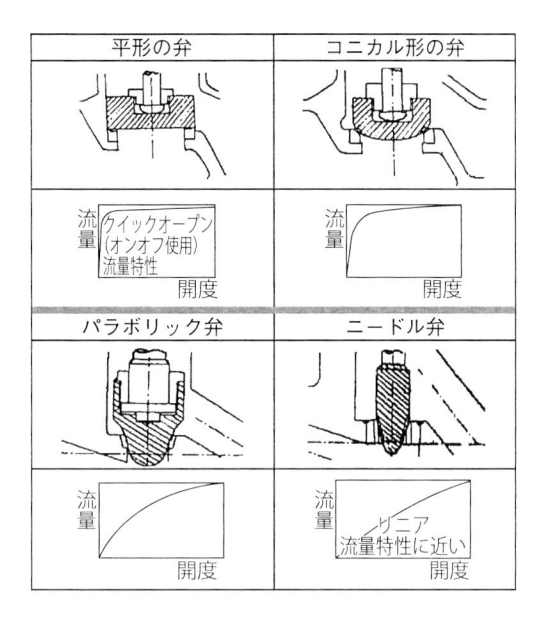

図8-14　玉形弁の弁体形状と各流量特性の特徴

## 8　逆止弁のチャタリング、フラッタリング

### ✖ どんなトラブルか

　蒸気配管に設置されたスイング逆止弁が部分負荷の小流量時に、小さな開度において連続的に揺動し、弁体が弁座にぶつかって閉まると、またすぐ開くという動作を繰り返し、弁体が弁座にぶつかるたびに断続的に「カン、カン」という打撃音を発しました。

### ❓ その原因は

　図8-15下方の逆止弁の図に見るように、弁体には流れが当たり、その動圧でバルブを開けようとする開弁力と、弁体自重の閉方向分力である

211

# 1 バルブ

第8章

閉弁力の2つの力が同時に弁体に働いています。開弁力は、開度$\theta$が大きくなると弁体が受ける流れが減るため減少します。また、閉弁力は開度$\theta$が大きくなると、弁体自重の閉方向分力が大きくなるので増大します。

図8-15のチャートは、横軸に開度$\theta$（$\theta = 0$度で全閉、$\theta = 40$度で全開とする）をとり、縦軸に流速（流量）を変えたときの開弁力と、閉弁力（流速に関係しない）をとり、開度$\theta$に対するおのおのの変化の様子を示しています。（開弁力－閉弁力）の差が弁体を動かす力で、＋の時（開弁力が閉弁力の上にある）は弁体に開く力が作用し、－の時（開弁力が閉弁力の下にある）は弁体に閉まる力が作用し、開弁力と閉弁力のカーブが交わるところで双方の力がバランスし、理論的には弁体が中間開度で静止状態となります、実際には流量は一般に常に小刻みに変動してい

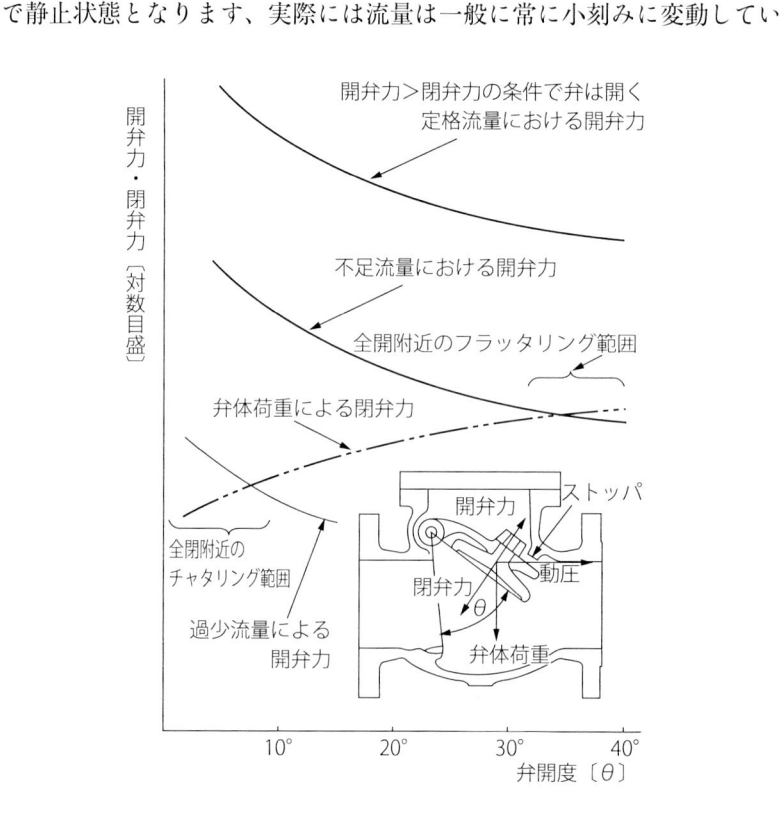

**図8-15　開度と開弁力／閉弁力**

212

るため、弁体は中間開度にあるときは常に揺動しています。この状態を「フラッタリング」といい、ヒンジピンやアームの摺動部が摩耗します。

流速が非常に少ない時は、全閉位置近くで揺動し、弁体が断続的に弁箱を叩き、衝撃音を発します。この現象を「チャタリング」といいます。

運転中、スイング式逆止弁が安定しているためには、バルブが全開（この例では開度40度）した状態でストッパに押し付けられている必要があり、全開位置で開弁力＞閉弁力となる流量が必要です。

### !) その対処法

前述したようにチャタリングを防止するには、バルブ全開時において開弁力＞閉弁力であることが必要で、そのために必要な最小流速があります。チャタリングを防ぐ方法として、バルブサイズを下げ、流速を上げるのが1つの方法、弁重量をカウンタウェイトの設置により軽減し、閉弁力を下げるのがもう1つの方法です（図8-16参照）。

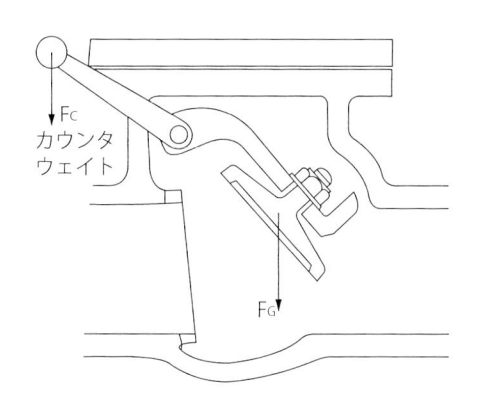

図8-16　カウンタウェイト

# 1 バルブ

## 第8章
## 9 ラバーライナ付フランジレス形バタフライ弁とガスケット

### ✗ どんなトラブルか

弁箱の耐食性を増すために、着脱式ラバー（ゴム）ライナをバルブ内側に装着したフランジレス形バタフライ弁（バルブボディと管フランジの接する面がシール面）のボディと管フランジの間に、ガスケットを入れて使用したところ、ハンドルが固くて弁を開けることができませんでした。

### ? その原因は

当該バルブは、**図8-17**①のように、バルブボディより1.5mm出張ったラバーライナが、管フランジとバルブボディの間に入るガスケットの役割を果たしています。したがって、このバルブにガスケットを使用すると、ガスケットを2枚重ねて入れるような結果となり、次のような不具合が生じます。

① ゴム（ラバー）のようなガスケットを使用した場合、ゴムパッキングを2枚重ねたようになるので、漏洩の可能性がある。

② 図8-17③に見るように、柔らかいゴム製ガスケットあるいは多少固いジョイントシートのようなガスケットを使ったとしても、図8-17④のように、弁箱のメタル部とラバーライナの硬さの差により、ガスケットに押されてラバーライナ部の方がメタルの面より引っ込む。着脱式ラバーライナは弁箱に固着していないため、その引っ込んだ部分の体積は、→の方向に移動し、ラバーライナの内径、すなわち、弁座の径をわずかに窄める結果となる。このため、全閉状態にある弁体は弁座の周囲からきつく押さえ込まれて、ハンドルを回しても開けることができなくなる可能性がある。

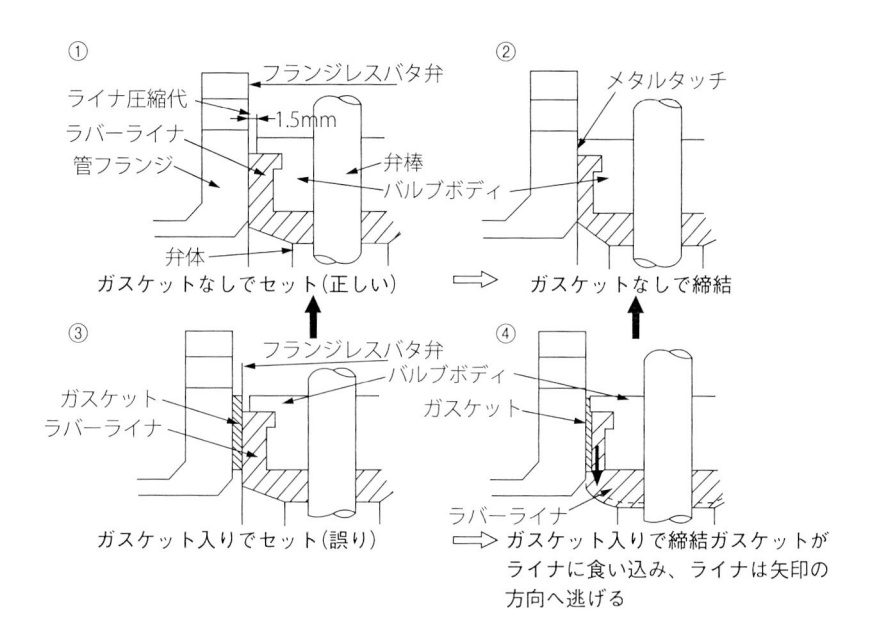

図8-17 ガスケットなし（正常）とガスケットありの比較

### ❗ その対処法

　このバルブの場合は、ガスケットを入れるべきでありません。ラバーライナの出張りがガスケットの役割を果たすよう設計されているからです。このような、着脱式のラバーライナ付のバタフライ弁もあれば、ゴムを加硫により弁箱に接着したものもあり、ガスケットを入れないタイプのバルブには必ず、取扱い説明書やカタログに注意書きがあるはずなので、バルブ据付け前によく取扱い説明書を読むべきです。

　なお、着脱式のラバーライナ付のバタフライ弁を、管フランジ間に装着する場合、無理に押し込んで据付けると、ライナ位置がずれたり、めくれたまま据え付けられることがあるので、相フランジの間隔をバルブ面間寸法に対し、十分余裕をとって据付けなければなりません。

　また、フランジレスバタフライ弁は、相フランジに対しバルブの芯がずれやすいので、慎重に芯出しを行う必要があります。

# 1 バルブ

## 第8章

## 10 倒立姿勢のバルブ

### ✕ どんなトラブルか

倒立姿勢の仕切弁は、弁ふたの底部が井戸の底のようになり、ごみが溜まり、さら水が常に停滞気味のため、錆びやすく、錆びこぶができて弁棒が固着し、バルブを閉められなくなった（図8-18参照）。

### ? その原因は

バタフライ弁、ボール弁、ダイアフラム弁を除き、ほとんどの場合、弁ふた内面の空間部は全開時の弁体を収容するため、懐が深くなっている。そこは常に流れが停滞しており、図8-18のようにバルブが倒立していると、弁ふたの底は流路から逸れて落下する異物の貯まり場となり、錆びこぶ発生の温床となる。錆びこぶは弁体も巻き込み固着させる。したがって、長期に開けているバルブは閉めようとしても閉めることができず、閉まっているバルブは開けようとしても開けられなくなる可能性がある。

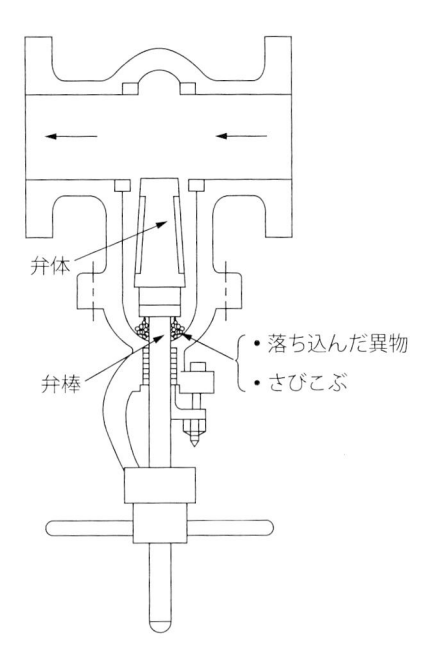

図8-18 バルブの倒立

### ❗ その対処法

　手動弁であろうが、電動弁を含む自動弁であろうが、バルブは倒立姿勢の設置は避けなければいけません。

　バルブの設置姿勢については上記以外にも下記の点に注意する必要があります。

① スイング逆止弁は水平置きの場合、弁ふたを上に配置すること。垂直管では上向きの流れの位置に設置すること。

② リフト逆止弁は水平置きとし、弁ふたが上になる姿勢とすること。

③ ダイアフラム式調節弁は水平置きとし、ダイアフラムを上に弁棒は垂直に配置すること。

④ ばね直動式安全弁、逃がし弁は弁座面を水平とし、ばねを上方に弁棒を垂直に配置すること。

# 1 バルブ

第 **8** 章

**関連知識**

　フランジレスバタフライ弁はウェハ形バタフライ弁ともいいます。弁のボルト位置に弁箱から耳（ラグ）で出張っていて、耳に締め付けボルト用のめねじが切ってあるものはラグ式バタフライ弁といい、フランジレス形の一種です。

# 2 配管スペシャルティ

## 1 ストレーナ金網の振動による疲労破壊

### ⊗ どんなトラブルか

バケット式ストレーナのエレメント内側に張ってあった40メッシュの金網が部分的に破れました。

### ❓ その原因は

バケット式ストレーナのエレメントは図8-20のように円筒形で、外側はストレーナ差圧に対する強度メンバで、ステンレス製の多孔板を円筒にしたものです。その内側にステンレス製金網（たとえば40メッシュ）を巻いたものが沿わせてあります。流体はストレーナ上方からエレメントの内側に入り外側へ抜け、ゴミは金網の内側に溜まる構造になっています。しかし、ストレーナの流路の形状により、たとえばエレメントを

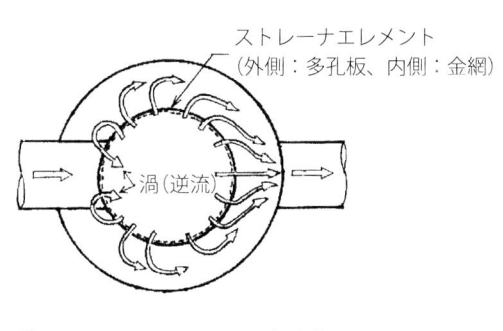

① ストレーナエレメントに部分的に
　渦（逆流）発生
　バケット式ストレーナ

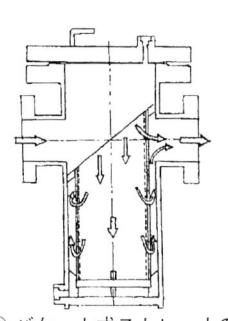

② バケット式ストレーナの
　側面断面図

図8-20　バケット式ストレーナ金網にできる渦流れ

## 配管スペシャルティ

第8章

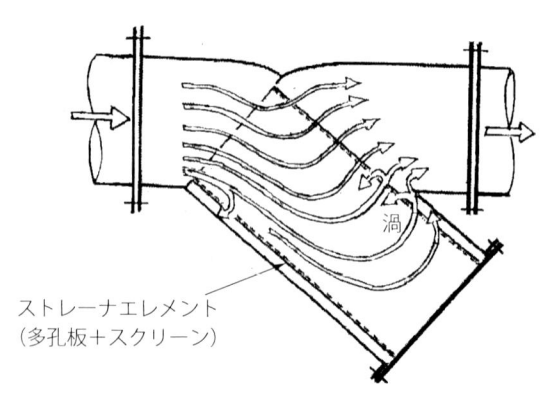

**図8-21　Y形ストレーナ金網にできる渦**

通過する流れの主流から外れた部分において流れが不安定となり、複雑な流れをすることがあります（図8-20①）。この場合、流体はエレメントをいったん外側へ出た後、すぐまたエレメントの内側へ戻る渦のような現象が起こります。この渦は不規則に起こるため、金網には内から外への流れ、外から内への流れが交互に起き、金網は「はためく」ような振動を起こします。そのため金網の針金に周期的な曲げ応力がかかり、最終的には高サイクル疲労により破損したものと推定されます。

図8-21はY形ストレーナの場合を示しますが、主流から少し外れたエレメントの下流側辺りで渦が発生しやすくなります。

### ❗ その対処法

金網がこわれたのは、金網を通過する時にできる局部的な不規則な渦による、金網の「はためき」が原因なので、対策は渦ができないようなストレーナ内の流路設計が望ましいのですが、対処療法としては目の細かい金網の内側に、もう１枚、目が粗く線径の太い剛性のある金網を張ることにより、目の細かい金網を挟み込み、はためきを防止します。

ただし、金網が追加されることによりエレメントの流体通過面積が減り、圧力損失が増えることに注意する必要があります。なお、流れの分岐部やエルボの直後、あるいは高流速の場合、流れの乱れにより多孔版の円

筒が壊れることもあるので、ストレーナ前後の配管形状、流速には留意する必要があります。

# 2 伸縮管継手ベローズの振動

## ⊗ どんなトラブルか

蒸気管に使用したベローズ形伸縮管継手のベローズが流れにより振動し、ベローズと伸縮管継手端部を接続する溶接部に割れが生じました。

## ? その原因は

ベローズを通過する流速が速いと、流れがベローズ近くを通過するときにできる渦や乱れによりベローズが振動します。その振動数がベローズの固有振動数と一致すると共振を起こします。

## ! その対処法

米国のEJMA（米国伸縮管継手製造協会標準）では、**表8-1**の流速を超えるとベローズが共振を起こす可能性があるとし、振動対策として流れがベローズに当たらないように内筒（スリーブ）を取り付けることを推奨しています。表8-1の流速は、伸縮管継手の径の10倍以内にエルボ（ベンド）、T、バルブなど乱流を起こすものがない場合に適用されます。10

**表8-1 ベローズが振動を起こす可能性のある流速**

| 口径 | 2B | 4B | 6B以上 |
|---|---|---|---|
| 気体 | 2.4m/s | 4.8m/s | 7.3m/s |
| 液体 | 1.2 | 2.1 | 3.0 |

注1：2Bから6Bまでの途中の口径は、口径の比例で計算する。
注2：左記の数値はベローズ層数が1の場合で、2以上の場合、左記数値より大きくなる。

## 2 配管スペシャルティ

### 第8章

倍以内にこれらのものがある場合は、その種類と数により1.5～4の係数を実際の流速に掛けて表8-1を適用するとしています。詳細については、上記EJMAを参照するか、伸縮管継手メーカにご照会ください。

また内筒も、その後流により発生する渦によって共振することがあるので、それを勘案して内筒の最小厚さを決めています。

なお、内筒を入れると伸縮管継手の軸直角方向変位と角変位が制限されます。すなわち図8-22における円筒外径とベローズ内径の間の間隙は、最大でも±aしか変位を許されません。また、配管の据付け誤差を伸縮管継手で吸収しようとすると（本来あってはならない。疲労寿命を縮めるなど、いろいろな弊害が出ます）、上記クリアランスを狭めるので注意を要します。

軸直角方向に+2a、-0、伸びる配管があった場合、据付時に伸縮管継手を-aだけオフセットして据付けると、運転時には+aの伸びで済むので、軸直角方向に±aの伸びですみます。これを伸縮管継手のコールドスプリング（本章２３項の関連知識参照）といいます、この場合は50％のコールドスプリングで、上記のクリアランスをコールドスプリングをとらない時の半分にすることができます。

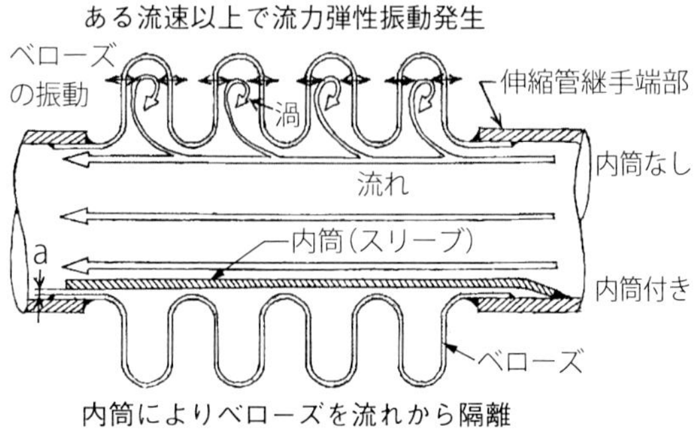

図8-22　ベローズに生じる振動と内筒による対策

**関連知識**

　ベローズと伸縮管継手端部との溶接部は薄肉の溶接なので、振動により割れが入りやすいため、設計施工に特別の配慮が必要です。図8-23は米国ASME圧力容器基準Sec.Ⅷ 火なし圧力容器にある推奨案です。全厚すみ肉溶接か完全溶込み突合せ溶接とし（後者の方がよい）、溶接部にベローズからの曲げ応力が極力かからないような工夫をしています。

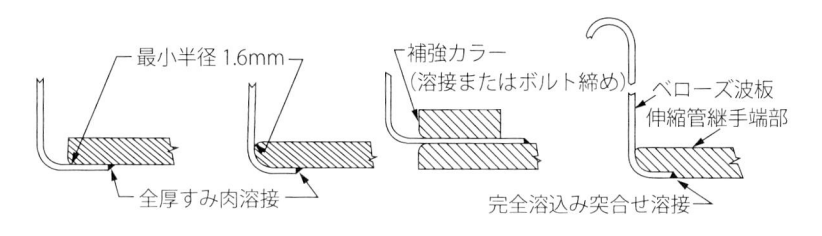

**図8-23　ベローズと伸縮管継手端部との接合方法**

# 3　内圧による伸縮管継手ベローズの座屈

### ✗ どんなトラブルか

　ベローズの山数の多い伸縮管継手が内圧が高くなった時、横方向へはみ出すように変形、座屈しました（図8-24参照）。

### ? その原因は

　内圧によるベローズの座屈は、長柱の座屈と同じように図8-24のように長手の軸線が軸線と直角方向にはみ出る現象です。

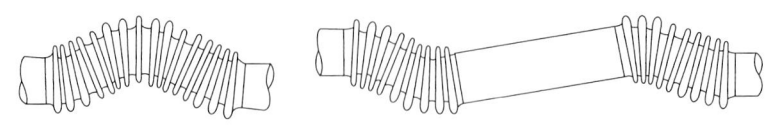

① 単一伸縮管継手の座屈　② ユニバーサルジョイントの座屈

**図8-24　内圧によるベローズの座屈**

この現象は管と管に挟まれたベローズの数が多いほど、また内圧が高いほど起きやすくなります。

座屈をしない限界圧力、すなわち設計限界圧力 $P$ を求める式がJIS B2352（米国EJMAの標準が出所）に次のように定められています。

補強リングのない場合、$P = \dfrac{0.3\pi \cdot f_{iu}}{N^2 q}$

補強リングのある場合、$P = \dfrac{0.3\pi \cdot f_{ir}}{N^2 q}$

ここに、$N$：ベローズの山数（ユニバーサルジョイントの場合は2組の伸縮管継手のベローズの合計）、$q$：ベローズのピッチ、$f_{iu}$：別の計算式で定める補強リングのない場合のベローズの理論上の毎山ばね定数、

$f_{ir}$：別の計算式で定める補強リングのある場合のベローズの理論上の毎山ばね定数。

$f_{iu}$, $f_{ir}$ の計算式はJIS B 2352 ベローズ式伸縮管継手 を参照願います。

### !  その対処法

ベローズの座屈を避けるには、内部圧力が設計限界圧力を超えないようにします。上記の限界圧力の式を見てわかるように、山数が多くピッチが大きいと限界圧力が小さくなります。

また、補強リング（**図8-25**①）の入ったベローズにすると、設計限界圧力を上げることができます。また、補強の役割のほかにベローズの圧縮方向の動きを制限し,座屈防止を兼ねた調整リング（図8-25②、③）を装着したベローズは座屈を起こさないので、設計限界圧力の計算は不要となります。

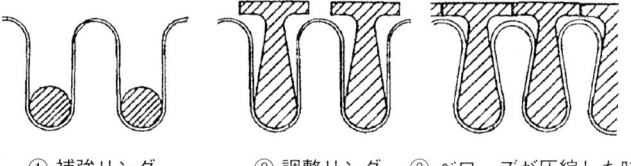

① 補強リング　② 調整リング　③ ベローズが圧縮した時 過度な変形を防ぐ

図8-25　ベローズの補強リングと調整リング

**関連知識**

伸縮管継手コールドスプリングの効用

①　② 50％コールドスプリング

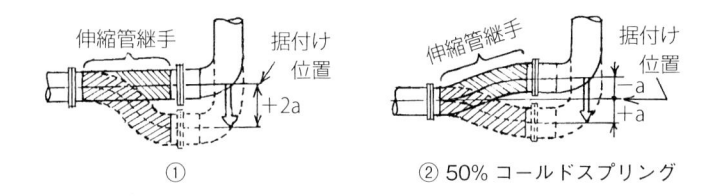

図8-26　伸縮管継手のコールドスプリング

　伸縮管継手の50％コールドスプリングとは、図8-26①のように、伸縮管継手の軸直角方向に本来＋2a伸びる配管を、同図②のように据付け時に－aだけオフセットして据付けることをいいます。50％コールドスプリングの効用には、本章21で述べた内筒のクリアランスを小さくできることの他に、ベローズにより発生する機器への反力の半減などがあります。

## 4　芯のずれた二組の伸縮管継手（Flixboroughの事故）

### ❌ どんなトラブルか

　1972年英国のフリックスボローの化学工場で、反応器同士をつなぐ仮

## 2 配管スペシャルティ

### 第8章

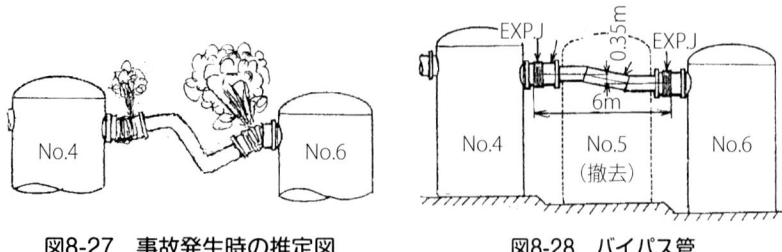

図8-27　事故発生時の推定図　　図8-28　バイパス管

　配管の伸縮管継手（以下、EXP.Jと略す）から、圧力9bargのシクロヘキサン（可燃ガス）が毎秒1トンで漏洩（図8-27）、大規模な蒸気雲爆発を起こしました。

　反応器は元々6基あり、上流の機器より350mmずつ下へ段差をつけて設置されていました。各反応器間を渡している高所の配管は内径0.7m、厚さ6mmで、温度155℃の熱膨張による伸びを吸収するため、EXP.Jが付いていました。

　事故の前、No.5の反応器に応力腐食が見つかり、修理のため撤去されましたが、運転を続けるためNo.4とNo.6をつなぐ長さ6mのバイパス管が設けられました。内径0.7mの管がなかったので、EXP.JとEXP.Jの間は内径0.5mのステンレス製管を使いました。No.4の出口座とNo.6の入口座には0.35mの段差があるので、その段差を埋めるのにマイタベンドを2個使用しました（図8-28参照）。バイパス管のスパンは6mと長いので、足場用の細いパイプで仮サポートを組みましたが、配管の自重を大きく超える下向き荷重には耐えられるものではありませんでした。

### ❓ その原因は

　このバイパス管に働く荷重は図8-29のようになります。バイパス管は、中央付近に0.35mのオフセットがあり、両端に付いているEXP.Jのそれぞれの外側でピン支持されているとします。

　この配管では、EXP.Jに内圧$P$が働くことよって、左側のEXP.Jにより右向きの推力$Fx$、右側のEXP.Jにより左向きの推力$Fx$が発生します

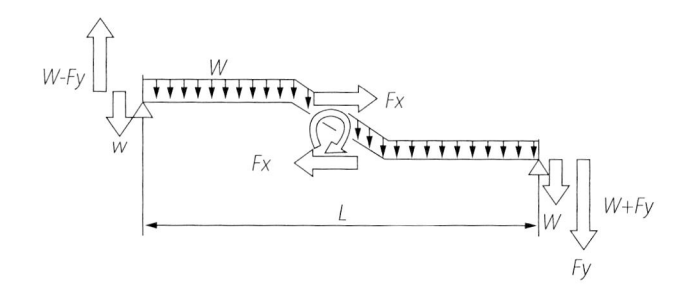

**図8-29 バイパス管の自由体図**

(EXP.Jに働く推力について基礎的なことは、第5章25を参照)。両者は向きが逆、大きさは同じで「偶力」と呼ばれます。2つの推力$F_x$による偶力により、ピン支持点には垂直荷重$F_y$が生まれます。すなわち、右端の支持点には下向きの$F_y$、左端の支持点には上向きの$F_y$です。したがって、管の右端支持点には下向きの力$F_y$と、バイパス管の自重（管＋流体）の1/2の下向き荷重$W$が加わり、$W+F_y$の荷重となります。

同様に、左端支持点は垂直方向に$W-F_y$の荷重となります。特に右端支持点の荷重に対し仮サポートが支え切れずに沈下し、右側EXP.Jの右端部から裂けたものと推定されます。

右側EXP.Jの右端部にどの程度の荷重がかかったかを試算してみます。

$W$の計算：EXP.Jを含めた管のスパン$L$：6m、バイパス管の内径$d$は簡単化のため一律0.5mとします。外径$D$は、$D = 0.5 + 2 \times 0.006 = 0.512$m、重力の加速度$g = 9.8 m/s^2$、管の密度$\rho_p = 7800 kg/m^3$、流体であるシクロヘキサンの密度$\rho_s = 780 kg/m^3$

バイパス管の自重 $2W$
= $[(\pi/4)d^2 L\rho_s + (\pi/4)(D^2-d^2)L\rho_p] g$
= $[0.785 \times 0.5^2 \times 6 \times 780 + 0.785(0.512^2 - 0.5^2) 6 \times 7800] 9.8$
= $13610N$、したがって、$W = 6800N$

$F_Y$の計算：まず推力$F_X$を計算します。

**図8-30**は2個のEXP.Jによって推力の発生する状況を示しています。単線の矢印は、内圧がバイパス管の壁を押しているところを示します。

## 2 配管スペシャルティ

第8章

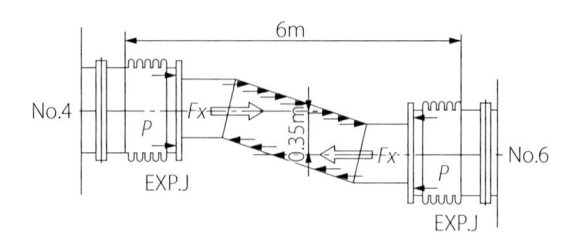

図8-30　オフセットしているEXP.Jにより生じる推力

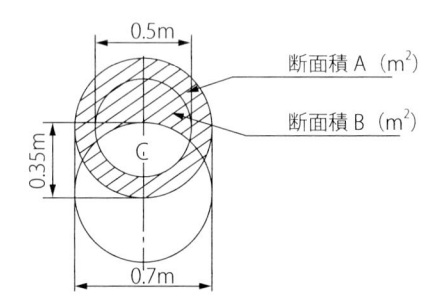

図8-31　EXP.Jにより推力の発生する場所

左側のEXP.Jによって発生する推力は図8-31の斜線をした面積に内圧を掛けたものです（第5章25、および本項の関連知識参照、ベローズ部のリング状面積に内圧をかけた推力は省略します）。

断面積 $A=(\pi/4)(0.7^2-0.5^2)=0.19 m^2$

断面積 $B$ は近似的に、径0.5mの円の1/2とします。

断面積 $B≈(1/2)(\pi/4)\ 0.5^2=0.1 m^2$

断面積 $A+B=0.19+0.1=0.29 m^2$

$P=9\text{bar}=9×10^5 N/m^2$、したがって、

$Fx=P(A+B)=9×0.29×10^5=2.7×10^5 N$

この推力は斜線をした面積の図心に働きますが、近似的に上側の管の管軸に働くものとします。右側のEXP.Jによって、反対方向の同じ大きさの推力が下側の管の管軸に働きます（図8-32参照）。

$Fx$ の偶力によって両端の支持点に生じる $Fy$ は、

$2.7×10^5×0.35=Fy×6$

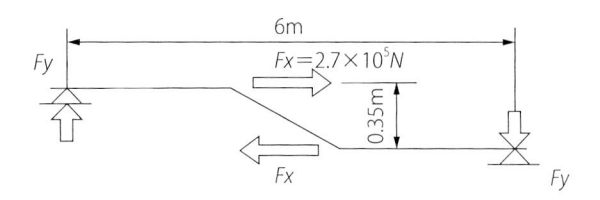

図8-32　バイパス管のモーメントバランス

∴ $Fy=15800N$

図8-29に戻り、右端の支持点には、$W+Fy=6800+15800=22600N$

左端の支持点には、$W-Fy=6800-15800=-9000N$となり、右端には下向きに約2.3トンの荷重がかかり、EXP.Jを破壊するに十分な荷重であったであろうと推定されます。

## その対処法

それでは、No.5の反応器が修理を完了して戻ってくるまでの間、安全に運転できる方法はあったでしょうか。

オフセットのある2つの推力により発生する偶力、そして垂直荷重$F_Y$はマイタベンドのあるピースに作用しているので、その力がEXP.Jに伝わらないようにするには、マイタベンドのあるピースを固定することです。しかし高所で$F$の荷重に耐えるガイド（レストレイント）を設けるには、かなり大がかりな工事が必要となりそうです（図8-33参照）。

なお、一般的なEXP.Jのある管に必要なアンカ、ガイドなどの設置位置については前述の米国EJMAの標準、およびJIS B 2352を参照願います。

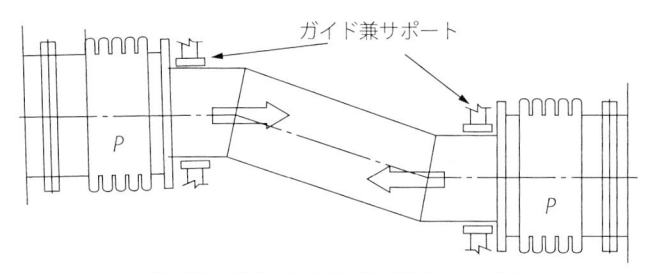

図8-33　EXP.Jに荷重をかけない方法

## 2 配管スペシャルティ

第8章

**関連知識**

内圧による推力の計算方法は第5章25で説明していますが、**図8-34**はその推力のかかる場所を説明しています（矢印の起点が荷重のかかる場所）。面積Cの部分の推力$F_C$は容器の壁にかかり、フランジ部にはかかりません。同様に図8-31のCの白抜き部の推力はNo.6の容器にかかり、バイパス管にはかかりません。

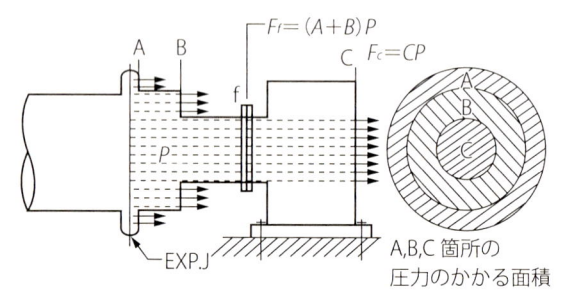

$F_f$：フランジにかかる荷重　　$F_c$：容器の壁にかかる荷重

**図8-34　推力のかかる場所**

## 5 スチームトラップのベーパーロック

### ✕ どんなトラブルか

蒸気管で生じたドレンを自動的に排除するため、スチームトラップが設置されていましたが、スチームトラップがドレンをはけ切れず、蒸気管にドレンが滞留し、ハンマを打ちました。

### ❓ その原因は

スチームトラップでドレンがはけ切れない原因としては、
① トラップ容量の選択ミス（流量、差圧、背圧の評価が甘かったなど）。
② 空気または蒸気障害（これをベーパーロックという）。

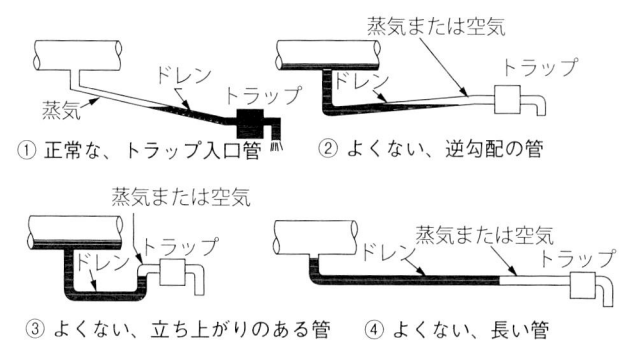

①　正常な、トラップ入口管
②　よくない、逆勾配の管
③　よくない、立ち上がりのある管
④　よくない、長い管

**図8-35　トラップ入口配管の良否**

が考えられますが、ここでは、②の場合を取り上げます。

ドレンの発生する蒸気管または容器からトラップまでの管に蒸気または空気が停滞し、その上流にあるドレンが下流の気体と置き換われない場合、ドレンがトラップへ到達することができず、ドレンを排出できなくなります。このような現象を蒸気障害または空気障害といいます。

この置換がうまくいかない原因に配管の形状があります。主なものを以下にあげます。

トラップ入口管が、トラップへ向かって上り勾配であったり（図8-35②）、立ち上がり管である場合（図8-35③）、ドレン下流の上方に滞留する空気や蒸気は逃げる場所がないためドレンの通路を塞ぎます。

また、母管あるいは機器からトラップまでの管が小径で距離が長い場合（図8-35④）、ドレンが排出し終わりトラップが閉じた時、トラップ入口管に多量の蒸気や空気が残されていて、それが邪魔して新たにドレンが生じてもトラップに到達できない可能性があります。

### ❗ その対処法

トラップの入口管は長さをできるだけ短い水平管、あるいは下り勾配の配管とします（図8-35①）。

トラップ出口管の注意事項としては、トラップが背圧をもつとトラップ入口・出口間の差圧が小さくなり、その結果、処理できる流量が減っ

## 2 配管スペシャルティ

第8章

てしまいます。トラップ下流では飽和水がフラッシュするため、容積が増え、流速が上がり、圧力損失が大きくなることに留意して口径、配管長さを計画する必要があります。

**関連知識**

滞留してしまった蒸気は温度の低いドレンや放熱により、凝縮してドレンに戻すのでドレン管は保温をしないようにします。

滞留している空気はトラップ種類により**表8-2**のように排除されます。

**表8-2 トラップ形式別空気の排除方法**

| トラップの種類 | 空気を排除する方法 |
|---|---|
| 下向きバケット式<br>(空気・蒸気がくると浮力を生じる) | 起動時はバケットが沈み、弁が開いているので、空気は逃げる。運転中にくる空気はドレンが貯まり開弁するのを待つ。手動空気抜弁付きのものがある。 |
| フロート式<br>(ドレンがくると浮力を生じる) | 蒸気との温度差を専用バイメタルで感知し、ベント弁を開く。 |
| バイメタル式<br>ダイアフラム式 | 温度差で蒸気と空気が識別され、空気を排除する |
| ディスク式 | 空気感知専用バイメタルで、蒸気より低い温度でベント弁を開くようにしたものがある。 |
| インパルス式 | 2次側に通じる小さなオリフィスがあり、そこから常時、蒸気とともに空気も逃げる。 |

## 6 スチームトラップの不適切なタイプ選定

### ✗ どんなトラブルか

蒸気管のドレン排除にバイメタル式スチームトラップを採用したところ、ドレンが蒸気管内に残存しハンマを打ちました。

## ❓ その原因は

　トラップは形式の差により、**図8-36**に示すように排出する飽和水の状態に差があるので、管内にドレンを残すべきか、残さざるべきかがトラップ選定のキーの1つとなります。

　下向きバケットとフロート式は、水と蒸気の密度差により判別するので、サブクール水でも飽和水でも水であれば排出します（下向きバケットはドレンのない状態で過熱蒸気が入ってくると、バケットは沈んだままなので開弁状態となり、吹き放しとなる可能性があります）。

　ディスク式とインパルス式は水と蒸気の運動エネルギーの差で判別し、前二者ほど明確でないが、ほぼ液体は排除、蒸気は捕捉されます。

　ベローズ式とダイアフラム式は、ドレン流体の飽和温度より若干低い飽和温度の感温液を内部に入れているため、内圧変化によるドレンの飽和温度が変化に対応して開弁・閉弁するが、蒸気を逃がさないことを優先し、閉弁時、ドレンが多少残る可能性があります。

　バイメタル式はドレン圧力が変わり、飽和温度が変わっても人が調節しないと閉弁温度を変更できないので、一般に閉弁温度はサブクール水側になるようにセットされます。したがって管内には飽和水が存在し、上記トラブルのようなことが起こり得ます。

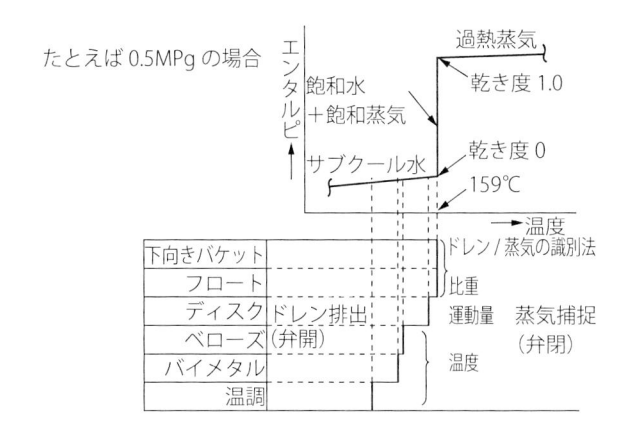

**図8-36 トラップ種類と排出流体**

## 配管スペシャルティ

第8章

　温調トラップは飽和水、サブクール水の顕熱を利用する所に使用され、飽和温度よりかなり低い温度で開弁するので管内に水が残ります。

### ❗ その対処法

　ドレンを速やかに排除する必要がある用途には下向きバケット、フロート、ディスク式を、管内に多少ドレンを残してもよい場合はベローズ式、ダイアフラム式、バイメタル式を、ドレンの顕熱を利用しつつ排出したい場合は、温調式トラップを使用します。

### 関連知識

　スチームトラップの代表的機種のメカニズムを図8-37に示します。

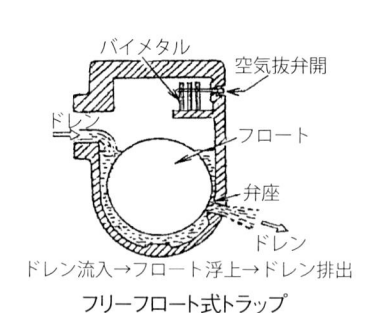

ドレン流入→フロート浮上→ドレン排出
フリーフロート式トラップ

ドレン流入→ドレンがディスク押し上げ→弁開
ディスク式トラップ

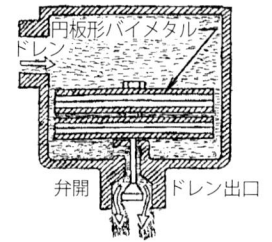

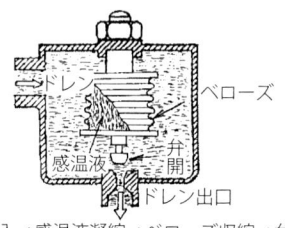

ドレン流入→バイメタル扁平に変形→弁開
バイメタル式トラップ

ドレン流入→感温液凝縮→ベローズ収縮→弁開
ベローズ式トラップ

**図8-37　代表的トラップのドレンを排出するメカニズム**

## 7 破裂板は設置場所の運転温度が大事

### ❌ どんなトラブルか

高温の反応容器用の引張型破裂板（ラプチュアディスク）は、破裂しても危険のない所まで引き出した配管の先端に設置されていました。しかし破裂板に刻印されている破壊圧力を超えても破裂しませんでした。

### ❓ その原因は

破裂板の破壊圧力に影響する因子は多数ありますが、破裂板の厚さ（単板形）、スリット（溝）の深さ、ドームの高さ、破裂板をホルダに締め付けるトルク、そして温度などがあります。この事例は温度に問題がありました。

破裂板に使う板の材質はオーステナイト系ステンレス鋼がもっとも多く、他にニッケル、インコネルなどがあります。破裂圧力は温度の影響を受け、一般に温度が高くなると、破裂板がより低い圧力で破裂します（図8-38）。したがって、破裂板が設置される場所での流体の実際の温度が破裂圧力に影響します。トラブル事例では、発注者は容器の運転温度を破裂板の

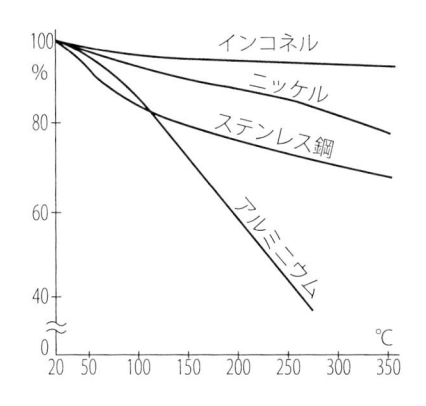

図8-38　破裂圧力に及ぼす温度の影響

## 2 配管スペシャルティ

第8章

温度としましたが、破裂板の設置されている容器より分岐した流れのない配管の先端部は、放熱によりかなり容器内温度より下がっており、許容応力が指定された温度の許容応力より高かったため、破壊圧力になっても破壊しませんでした。

### ❗ その対処法

破裂板製造メーカに指示する破裂板の温度は、破裂板が置かれる位置での流体温度とします。

### 関連知識

**破裂板形式とセット方法**

破裂板には**表8-3**に示すような種々の形式があります。

引張型は**図8-39**（右）のように、ドームの凹側からかかる圧力による引張応力で、ドームの方向に破裂します。引張型の一種である複合スリット型は、破裂板に貫通したスリットが入っているので、これをシールするため、プラスチックシートを重ねる必要があります。

反転型はドームの凸側からかかる圧力で、ドームと反対方向にドームが座屈、反転して破壊します。反転型にはスコア（ノッチ）付とナイフ付とがあり、ナイフ付きはドームと反対側に十字のナイフが取り付けられていて、破裂板が座屈し反転する時、破裂板がナイフに衝突、切り裂きます。

表8-3　破裂板の種類

| 破裂板 | 型式の種類 | 説明 |
|---|---|---|
| 引張型 | 金属単板型 | 無垢の板 |
| | スコア（ノッチ）付 | 板を貫通しない傷（ノッチ）が付けてある |
| | 複合スリット型 | スリット（板を貫通している）付とシール用プラスチックシートを重ねて用いる。 |
| | グラファイト製 | 耐食性に優れる。 |
| 反転型 | スコア（ノッチ）付 | |
| | ナイフ付（ノッチ付） | 座屈し反転するとき、破裂板がナイフに衝突、切裂く。 |

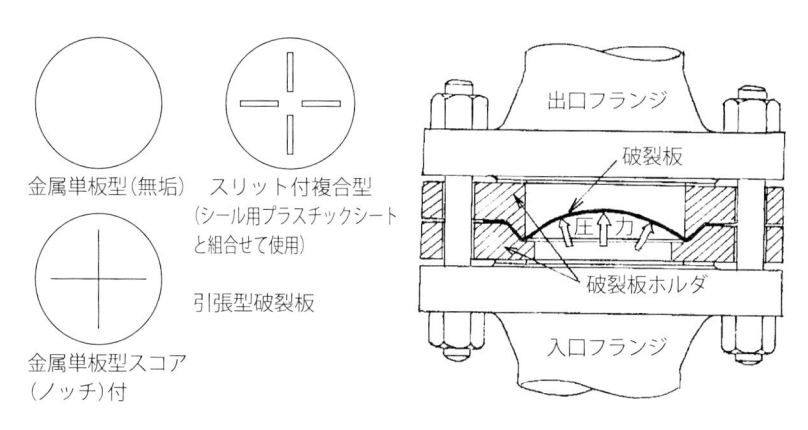

図8-39 引張型破裂板の形式とセット方法

# 8 流量計前後の直管長さが不足

## ⊗ どんなトラブルか

建屋内のスペース上の制約から、オリフィス式差圧式流量計にJISで定める流量計前後に必要な直管長さを確保できませんでした。結果として大きな測定誤差が生じてしまいました。

## ? その原因は

差圧式流量計は、流量計の中でも構造がもっとも簡単で、かつ堅牢なため広く使われています。

差圧式流量計に限らず流量計の種類の多くは、その前後に流量計の形式により決まる直管長さを要求されます。

差圧式流量計の場合、直管長さが必要な理由は流量計の位置で測定する物理量を流量算出のアルゴリズム（計算法）に入れて流量に換算する

## 2 配管スペシャルティ

第8章

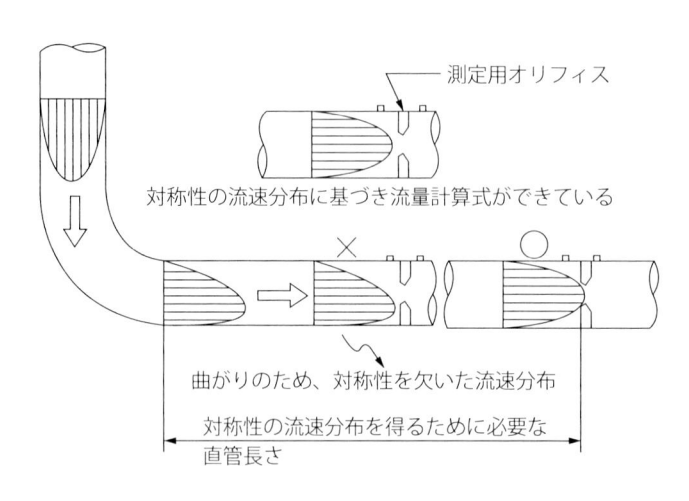

**図8-40　流量計前後に直管長さが必要な理由**

のですが、そのアルゴリズムは十分長い直管を通過して得られる、点対称の流速分布をもった流れの測定物理量を使って正しい流量が得られるように作られています（**図8-40**参照）。流量計近くにたとえばエルボがあると、流量計のところで流れは偏流となります。その偏流が流量計を通過する時の測定物理量（具体的には流量計前後の圧力差）は、偏流のない流れの物理量とは異なるので、正しくない測定値に基づき、アルゴリズムで計算された流量は、正しい流量と異なる流量を示します。

### ❗ その対処法

　差圧式流量計の必要直管長さはオリフィス上流のエルボの数や向きなどにより変わり、その詳細はJIS Z8762-2（円形管路の絞り機構による流量測定方法－第2部：オリフィス板）に定められていますが、ごく大雑把にいえば、オリフィス上流側は配管口径の20倍以上、下流側に5倍が必要です。

　なお、上記JISによれば精度を犠牲にすれば、必要直管長さを縮小することができることになっています。

**関連知識**

差圧式流量計と同じような理由で、多くの種類の流量計が流量計前後に直管長さを要求されます。流量計形式と必要直管長さは**表8-4**、その他の使用上の注意事項を**表8-5**に示します。

表8-4　直管長さを要求される流量計形式（Dは管内径）

| 流量計形式 | 上流側必要直管長さ | 下流側必要直管長さ |
| --- | --- | --- |
| 渦流量計 | 15D | 5D |
| 超音波流量計 | 10D | 5D |
| 電磁流量計 | 5D | 2D（推奨値） |
| 容積式流量計 | 不要 | 不要 |
| コリオリ式質量流量計 | 不要 | 不要 |
| 面積式流量計 | 不要 | 不要 |

表8-5　差圧流量計以外の流量計の設置上の注意（表8-4を除く）

| 流量計形式 | 使用上の注意 |
| --- | --- |
| 渦流量計 | レイノルズ数 $2 \times 10^4$ 以上の流体で使用。固形物を含んだり、二相流体、高粘度流体は避ける。 |
| 超音波流量計 | 多数の気泡が混じった流体、異なる成分の二相流は不適。 |
| 電磁流量計 | 磁界を発生する機械から離す。流体の導電率は均一であること。 |
| 容積式流量計 | 固形物や不純物があるときは、上流にストレーナ設置。 |
| コリオリ式質量流量計 | ガスだまり、気相混入があると誤差生じる。振動を抑える。 |
| 面積式流量計 | 下から上向き流れで正しく鉛直に設置。振動を嫌う。 |

## 2 配管スペシャルティ

### 第8章
### 9 圧力計導管を取り出す方向

#### ❌ どんなトラブルか

試運転中に給水管の圧力計の指示が正確でないことに気づきました。圧力計用のタップ（座）は水平に走る管に、水平方向より上向き45°を向いており、圧力計用導圧管がいったん上がって下方へ下りたところに圧力計が付いていました（図8-41参照）。

#### ❓ その原因は

流体が液体の場合、圧力計の導圧管取出し位置と圧力計器の間の水頭差（図のH）を指針で調整する必要があります。導圧管の取出しタップが図のように上向きについている場合、気体が導圧管にいったん入り込むと、軽い気相が上へ抜けない配管形状になっているため、気相が滞留し、実質の水頭差はHより小さくなってしまうので、圧力計の指針は実際より小さめの圧力を指示してしまいます。

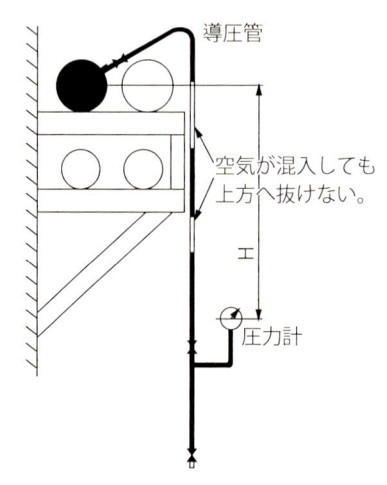

**図8-41　空気が抜けない導圧管**

## ❗ その対処法

水平管における圧力計タップの推奨する引出し方向と、避けるべき引き出し方向を**図8-42**に示します。

流体が液体の場合は、タップを水平より上方へ付けると、前述したように導圧管内に気泡が入りやすく、いったん入ると排出困難となります。また真下近くはごみが滞留する所なので、ごみが導圧管に落ち込み、詰まりの原因となるので避けます。したがって、推奨できる方向は、水平方向および水平から45°下方の間となります（図8-42①参照）。

流体が蒸気の場合は、導圧管内に蒸気の凝縮ドレンの有無によって計測誤差が出ないように、タップを水平と水平から45°上方の間に設け、その先にシールポットを設置、最初にコンデンセートポットと導圧管に目いっぱい水を満たしておきます。コンデンセートポット内で凝縮ドレンが発生しても、下り勾配で蒸気管の方へ戻るので、導圧管は常に一定の水頭を保ち、指針は正しい圧力を示すことができます。下向きのタップは導圧管内のドレン量が一定しないので推奨できません（図8-42②参照）。

流体が湿分を含まないガスの場合は、通常ドレンの発生を考えなくてよいので、コンデンセートポットが不要となり、そこから来る制約から自由になります。万が一の水の混入やごみを考え、もっともよい方向は真上と真上から45°上方との間となります（図8-42③参照）。

○：推奨できる
×：推奨できない

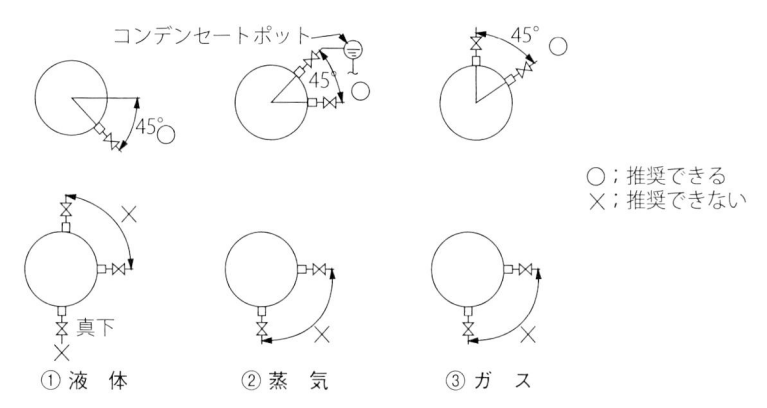

① 液体　② 蒸気　③ ガス

**図8-42　水平管の圧力計タップの取出し方向**

# 10 P&IDと異なる温度計位置

## ✗ どんなトラブルか

　P&IDでは加熱器を出たプロセス流体のラインAが、ラインBとラインCに分岐するTの直前に温度計が付いていました（図8-43①）。しかし現場は分岐の上流側に障害物があり、温度計を取り付けることが困難でした。そこで分岐点の至近距離であれば、温度は変わらないであろうと判断し、P&ID担当部門の了解を得ずに、取り付け可能な分岐直後のラインCに取り付けました（図8-43②）。

　ラインチェックにおいて、温度計位置がP&IDと異なる点が指摘され、障害物の位置を動かして、温度計をP&IDの位置に設置し直しました。

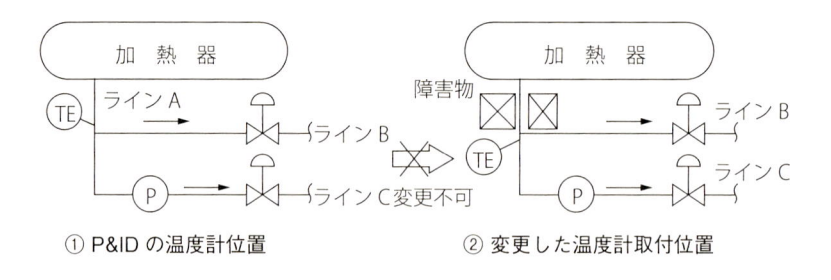

① P&IDの温度計位置　　② 変更した温度計取付位置

**図8-43　温度計の位置**

## ？ その原因は

　この系統の運転モードは、負荷50%未満でラインCに流れ、負荷50%以上でラインBに流れる設計になっていたため、負荷50%以上の時、流体は温度計があったラインCを通らないので、温度計位置では流体は停滞し、放熱や伝熱でラインAとBを流れる流体温度よりも若干低い温度を指示してしまうからです。「大丈夫だろう」という一人よがりの判断で、P&IDと異なる箇所に温度計を設置してしまったことが原因です。

## ❗ その対処法

　P&IDに示されている温度計位置を安易に変えてはなりません。P&IDでは、温度を測る必要のあるすべての運転モードに対応できるように温度計位置を定めていました。温度計位置は系統設計部門の設計思想により決めているので、当該部門の了解なしに勝手に変えることはできません。

　温度計に限らず、他の計器類も含め、P&IDの指示通りの配管レイアウトにしなければなりません。ただ、圧力計位置、分岐の取り方、レジューサの使用・不使用など配管の都合により、P&IDの方を修正することが可能な場合もあります。P&IDと実際の配置を変えても一般には問題ない例を**図8-44**に示します。

　しかし、そのような場合でも、修正する場合はP&ID発行元の承認を得、P&IDを修正してもらう必要があります。

圧力計の位置を変える

分岐の仕方を変える

レジューサをやめる

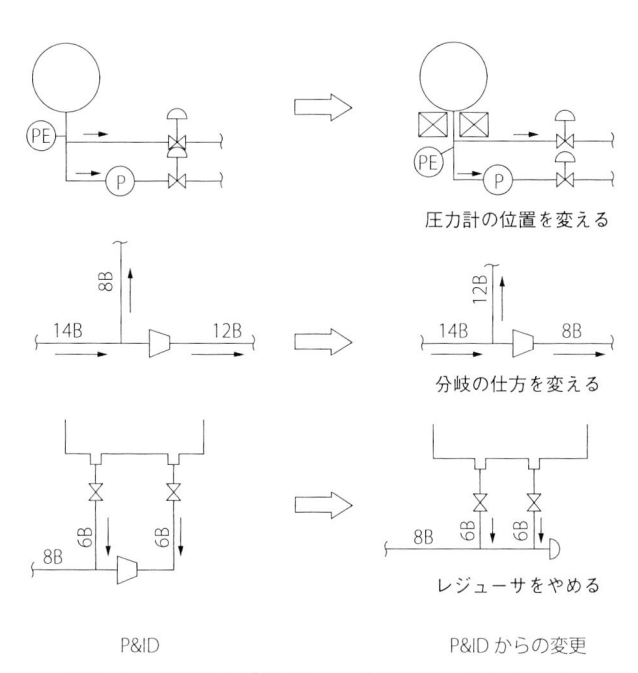

P&ID　　　　　　　　　　　P&IDからの変更

**図8-44　P&IDと変えても一般には許されるケース**

# 3 ハンガ・サポート

## 1 ハンガ形式選定とポンプ、機器への転移荷重

### ❌ どんなトラブルか

　図8-45の左の図に示すように、地下1階の溶液ポンプから地上2階にある槽へ250℃の溶液を送る配管において、サポートはすべてスプリングハンガとしました。ポンプを起動するとポンプの振動が大きくて気になりましたが、定格の運転温度まで上がると安定しました。しかし、次の起動時も流体の温度が低い時に振動が出るのが確認されました。

### ❓ その原因は

　温度が低い時に振動が出、温度が上がると振動が収まったのは次のように考えられます。

　ハンガは定格運転温度において、ポンプノズルなどの機器にかかる配管荷重が0になるようハンガに荷重を負担させる（その荷重を設計荷重という）のが理想です。図8-45はスプリングハンガを使用した立上り配

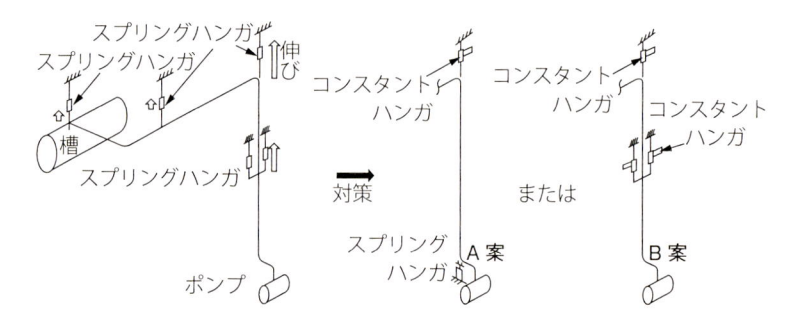

図8-45　スプリングハンガによる転移荷重が問題になる配管とその対策

244

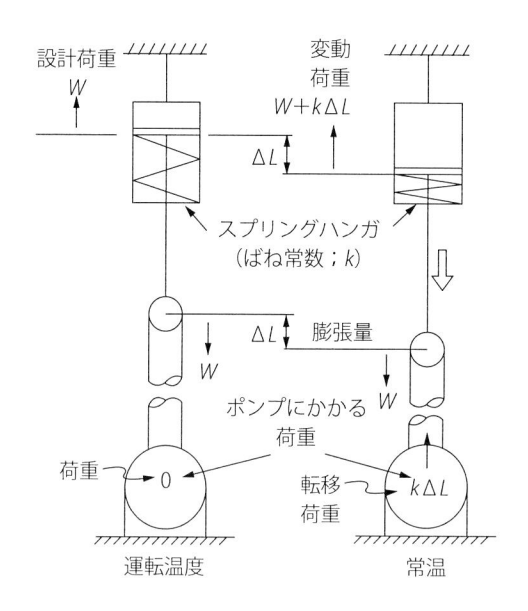

**図8-46 ポンプへの転移荷重**

　管なので、ポンプ起動時、常温の上部水平配管の高さは、定格運転温度時より低い位置にあり、そのハンガトラベル（スプリングの変位量）の差にスプリングばね定数を掛けた荷重(変動荷重という)だけ、設計荷重より重い荷重 $K\Delta L$ をハンガが負担しています。配管重量は一定なので、ハンガが余分に負担した荷重分だけ、ポンプと槽のノズルには上向きの荷重がかかります。機器ノズルに掛かる荷重が温度変化により変動する量を転移荷重といいます（**図8-46**参照）。起動時に振動が出たのは、常温時の転移荷重 $K\Delta L$ がポンプ出口ノズルの許容荷重を超え、ポンプアライメントに影響が出たと考えられます。運転するにつれ振動が収まったのは配管の温度が上がり、パイプが上へ延び、それによりスプリングハンガの支持荷重が減り、ポンプにかかる荷重が許容値以下になったためと考えられます。

### ❗ その対処法

　対策は、垂直管の伸びのある位置にあるスプリングハンガをやめ、垂

# 3 ハンガ・サポート

直管の伸びのほとんどない底部にスプリングサポートかリジッドサポートを設けて、転移荷重を軽減する（図8-45のA案）か、ポンプノズルの転移荷重に大きく影響する垂直管のハンガは、すべて荷重変動のないコンスタントハンガに変える（図8-45のB案）かします。

　一般にスプリングハンガは垂直方向の伸びがほぼ10mmを超える箇所に使い、ハンガ荷重の変動率＝(変動荷重/ハンガ設計荷重)×100が25%以下、また垂直伸びは条件によりますが50～75mm程度まで使えます。ばね常数の小さいスプリングを使えば転移荷重を小さくできます。

　コンスタントハンガは、スプリングハンガでは変動荷重が25%を超えてしまう箇所、または垂直伸びは条件によりますが、50～75mmを超える所で使います。

## 2 サポート固定金具の外し忘れ

### ✗ どんなトラブルか

　試運転段階において、蒸気管の実際の伸びを配管フレキシビリティ解析結果の運転時移動量と比較していたところ、いちじるしく異なる所があるのを発見しました。サポートシューの引掛かっている所や、サポート類のプリセットピンを外し忘れていないかなど現場チェックしたところ、1個の油圧防振器のプリセットピン（注）が抜いていませんでした。このため、管の熱膨張が油圧防振器で拘束され、解析結果と異なる伸びをしたことがわかりました。

> 注：防振器を出荷から据付け完了まで、取付け時長さに固定しておくピン。ハンガの場合はロックボルト、ロックピンなどと呼ばれます。

### ❓ その原因は

サポート本体の取付け長さが変わる可能性のあるサポートには、正しい取付長さで据付けられるように、取付け長さを固定して工場出荷されます。その要領を表8-6に、また固定具の代表的な存在箇所を図8-47に示します。

**表8-6　サポート本体取付け長さの固定具**

| サポートの種類 | 取付け長さの固定具 | 全体取付け長さの調整 |
|---|---|---|
| スプリングハンガ | ロック用ボルト | ターンバックル、またはスタンションの高さで調整 |
| コンスタントハンガ | ロック用ピン | |
| 油圧防振器<br>メカニカル防振器 | プリセットピン | 接続パイプで長さ調整 |
| ばね式防振器 | プリセットピース<br>（ないものもある） | 接続パイプで長さ調整 |

これらの本体取付け長さを固定する金具は、配管の据付を完了し、水圧試験完了後に取り外すのが一般的です。これらを取り外すのを忘れると、与えられた伸縮機能をもつサポートが固定された状態になり、リジッドサポートまたはレストレイントのようになってしまうので、いろいろ不都合な事象が発生します。なお、ばね式防振器の場合、ばね2個を対向させた方式のものは水圧試験後に取り外す固定金具はありません。

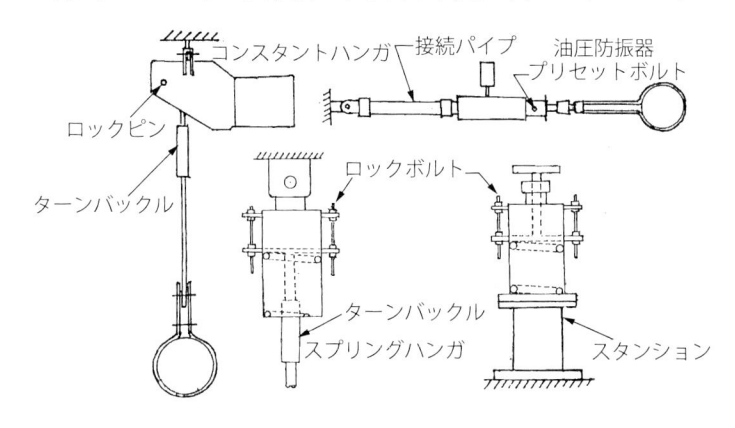

**図8-47　サポート本体の固定金具**

## ⚠ その対処法

　上記の固定金具は、水圧試験完了後（防振器は据付け完了後）、プラント起動前に確実に取り外す必要があり、起動前パトロールにおいてチェックシートを使って点検することが有効です。

　また、熱による伸びの大きな配管では、昇温後に実際の伸びが計算値と大差ないか比較するのも有効です。ただし鋼材との摩擦抵抗のため、実際の伸びが計算値と一致しないこともあります。

　なお、これら固定金具は後日、水圧試験や配管補修の際に必要になるので、当該サポート近くに針金などでぶら下げて保管しておきます。

# 3 レストレントに要求される最小必要強度

## ✕ どんなトラブルか

　バイパス蒸気配管に耐震上の要求から設置した油圧防振器のピストンロッドに、地震もないのに座屈と思われる変形が確認されました。

## ❓ その原因は

　調査したところ、蒸気減圧弁急開によりバイパス管が昇温した際、管の熱膨張による移動が管とサポートやガイドとの摩擦抵抗のためスムースに動かず、熱膨張する力が蓄積されてました。その力が摩擦抵抗を超えた時に一気に解放され、管がステップ状に急速に動いたため、油圧防振器が追従できず、リジッドとして働き、配管に蓄えられていた力により防振器のピストンロッドが、座屈を起こしたものとわかりました（図8-48参照）。結果的に、その防振器に耐震上要求された荷重より、熱膨張が摩擦で拘束されて蓄積された力の方が大きかったのです。

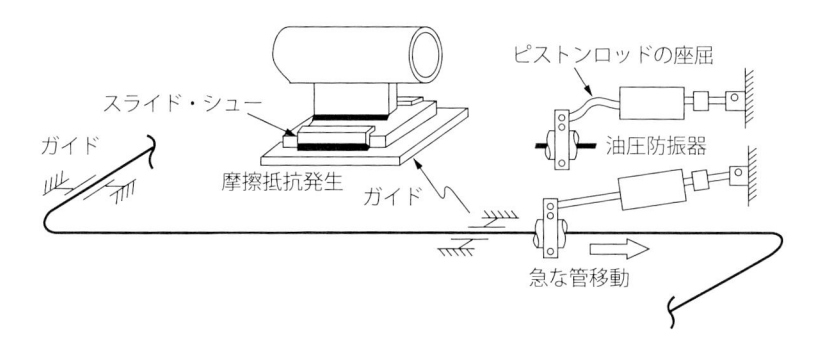

図8-48　間歇的な管の動きによるピストンロッドの座屈

### ❗ その対処法

　前述したとおり、管と管の接触する構造物との間で起こる断続的な摩擦抵抗力の解放により、油圧防振器を含むレストレイントにかかる荷重は、耐震や機器保護に必要とする、解析で求められた拘束荷重（一般に、油圧防振器の荷重やレストレイントの強度はこの荷重が使われる）より大きくなる場合があります。

　これら摩擦抵抗に起因して断続的に起きる力のほかに、起動・停止や負荷変動時にウォータハンマなどの過渡現象として起きる一時的荷重も、一般に管のサイズが大きくなるほど大きな荷重になります。

　解析荷重が小さいからといって、たとえば口径20Bの太い管に、径が1/2Bの細いピストンロッドを使用した小荷重用防振器を採用するのは、すこしおかしなエンジニアリングセンスといえます。

　不測の事態に備えて、管口径にふさわしい最小のピストンロッドの径なり、最小定格荷重があるべきであり、また防振器だけでなくリジッドハンガ、アンカ、ガイド、ストッパなどの強度メンバにも同じような考え方が適用されるべきです。

　管サイズ別の最小ロッド径や、防振器の最小定格容量を標準として定めているサポート・ハンガメーカもあります。なお、座屈を避けるためにはロッドの長さが短い方がよいし、負荷荷重のかかる向きが一定の場

## 3 ハンガ・サポート

第8章

合は、当然、ロッドに引張荷重がかかるような向きに防振器を取り付けるべきです。

**関連知識**

油圧防振器の原理を**図8-49**に示します。振動のような急な動きがあるとポペット弁が閉じ、小さな穴のオリフィスのみの動きとなるので、油の粘性抵抗がきわめて大きく、管の動きのうち配管熱膨張のようなきわめて緩慢な動き以外は拘束をします。

通常の配管振動は、一般に振幅が小さいので油圧防振器にあるメカニカルギャップ（ボルトとナットの隙間など）のために、ポペット弁が閉じるところまでいかず油圧防振器の効果は期待できません。

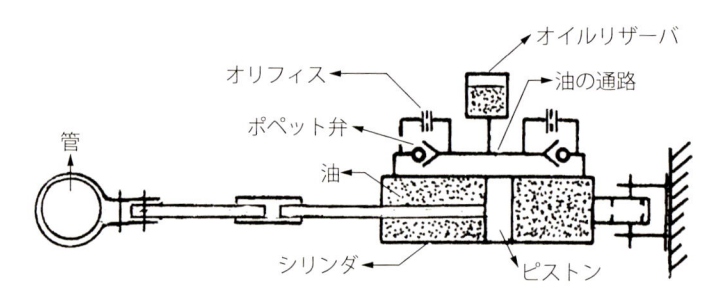

**図8-49　油圧防振器の原理**

## 4 ハンガロッドねじ部に曲げモーメント

**✕ どんなトラブルか**

口径20Bの厚肉管が運転中の配管熱膨張の水平移動によりロッドが傾き、ロッド上端に設けた荷重を支えるナット用のねじの谷部で疲労、折損しました。配管が天井に近く、ロッドが短かすぎてターンバックルが入れ

## トラブル事例／配管コンポーネント編

られないため、クレビスは使われていませんでした。

### ❓ その原因は

熱膨張により配管が水平移動するのにロッドが短かったため、ロッドが傾斜、そのためナット下端部のロッドねじ部に曲げモーメントがかかり、ねじ谷部の形状による応力集中と配管からの若干の振動により、疲労破壊したものです（図8-50②）。

### ❗ その対処法

ハンガロッドの傾きは、一般に美観の観点から垂直より4度以下とします。ロッドは通常クレビス方式（図8-50④）、すなわちクレビス、クレビスピン、アイボルト（またはアイナット）、ストレートボルト（図8-51

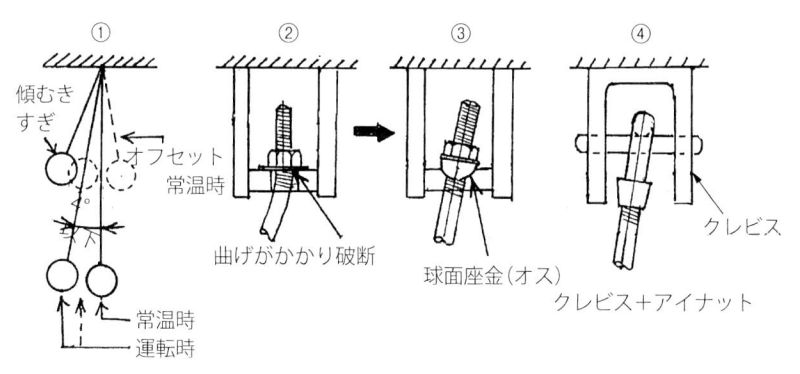

図8-50 傾きすぎるハンガーロッド

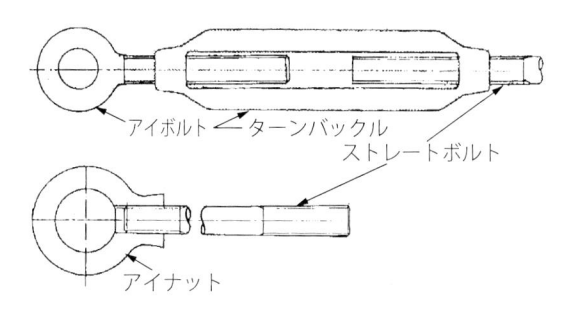

図8-51 ハンガーロッドを構成する部品

251

## 3 ハンガ・サポート

参照）を組み合わせて梁や天井から吊り下げます。クレビス方式の場合、ロッドに傾きがあっても問題ありませんが、アイボルトの部分でロッドの長さを調整できないので、ターンバックルを使用して調整します。

　配管のエレベーションの関係から、ロッドが短かすぎてターンバックルが入らない場合はロッド上端に長いねじを切り、この部分を調整代としてナットで荷重を支えます。この場合に配管の熱膨張により管が水平方向に移動すると、「その原因は」で説明したように、ロッドが傾き、ロッドのねじ部で疲労破壊する危険性あるので球面座金を使用し、ロッドに曲げモーメントが掛からないようにします（図8-50③）。

　配管の水平移動に対し、傾斜角度を先に述べた4°以下にするには、ロッド長さを長くすればよいわけですが、スペースその他の理由でできない場合は、移動方向に移動量の1/2をとった場所にクレビスを取り付けます。つまりクレビス位置をセンターとして、移動量を常温時と運転時に振り分けます。このことを「オフセットをとる」といいます（図8-50①）。

　なお、リジッドハンガは負荷されている荷重を測るものがなく、作業者の経験に頼っているので、計算荷重と実際の荷重にはかなりの差異のあることが予想されます。そのため、リジッドハンガのロッドの強度計算に用いる安全係数は通常より大きくとります（特にロッドサイズが小さい場合）。

## 参考文献

| 文献番号 | 文献の名称 |
|---|---|
| ① | Piping Handbook 第7版 McGRAW-HILL社 2000年刊 B445～449頁 |
| ② | PIPE STRESS ENGINEERING　Liang-Chuang(L.C.)Peng,Tsen-Loong(ARVIN)Peng ASME Press 2009年刊 |
| ③ | ASME B31.1　Power Piping |
| ④ | ASME B31.3　Process Piping |
| ⑤ | JPI 7S-77　石油工業プラントの配管基準 |
| ⑥ | JPI 7S-66　プレハブ配管の製作及び検査基準 |
| ⑦ | 日本機械学会発行「配管内円柱構造物の流力振動評価指針」 |
| ⑧ | 水道の事故と対策　石橋多聞　技報堂 |
| ⑨ | トラッピング・エンジニアリング　藤井輝重監修　省エネルギーセンター |
| ⑩ | 防錆・防食技術　日本メンテナンス協会　実践保全技術シリーズ編集委員会編　日本能率協会マネジメントセンター |
| ⑪ | 失敗知識データベース　www.sozogaku.com/fkd |
| ⑫ | 電力中央研究所論文:蒸気加減弁に起こる流体振動現象の解明　森田　良　他、2004年 |
| ⑬ | 一般社団法人日本機械学会　Dynamics & Design Conference 2009、蒸気加減弁に生じる自励振動に関する研究 |
| ⑭ | Condensation-Induced Waterhammer　Jan.1998　HPAC　Wayne Kirsner,P.E. |
| ⑮ | 空中歩廊の崩落　http://hyattregencywalkways.wordpress.com/2011/11/08/26/ |
| ⑯ | フリックスボローの爆発　http://www.ucc.ie/archive/safety/presentations/Flixborough_files/frame.htm |
| ⑰ | 100万人のダイナミックス　野口尚一、北郷　馨　監修、204～206頁　アグネ発行、1969年刊 |
| ⑱ | 安全弁の技術　笹原敬史　理工学社　87～89頁 |

# 索引

## 英数

- 3種ナット ……………… 114
- 4大力学 ………………… 13
- C/Sマイクロ腐食 ……… 172
- Cr-Mo化 ………………… 85
- FAC ……………………… 158
- Flixboroughの事故 …… 225
- FMEA …………………… 31
- FTA ……………………… 30
- Jowkoskyの式 ………… 120
- O/Pのレビュー ………… 29
- PQR ……………………… 194
- SCC ……………………… 169
- WPS ……………………… 194

## あ

- アスベストフリージョイントシート
   ………………………… 198
- 圧力損失 ………………… 52
- 圧力脈動（ポンプの）… 100
- アノード ………………… 162
- 異種金属接触腐食 ……… 162
- 異常昇圧 ………………… 75
- イメージ力 ……………… 15
- ウォータインダクション… 146
- 運転モード ……………… 133
- 運動量変化 ……………… 102
- エアトラップ …………… 67
- 鋭敏化 …………………… 171
- 液滴エロージョン ……… 153
- 液封 ……………………… 77
- エラストマ ……………… 209
- 応力集中 ………………… 113
- 応力腐食割れ …………… 169

## か

- オフセット ……………… 252
- 外部電源法（電気防食の）
   ………………………… 163
- カウンタウェイト
   （スイング逆止弁の）… 213
- 仮想演習 ………………… 16
- カソード ………………… 162
- 過渡的な圧力降下 ……… 91
- カルマン渦 ……………… 111
- 緩開弁 …………………… 121
- 乾湿の繰り返し ………… 173
- 完成購入品 ……………… 189
- キーパーソン …………… 26
- 気液二相流 ……………… 102
- 機械的共振 ……………… 104
- 技術変更点 ……………… 24
- 犠牲陽極法 ……………… 163
- 気柱振動 ………………… 110
- キャビテーション・
   エロージョン ………… 156
- 嗅覚 ……………………… 26
- 急激な温度降下 ………… 142
- 球面座金 ………………… 252
- 恐怖心 …………………… 17
- 局部腐食 ………………… 151
- 偶力 ……………………… 227
- クリープボイド ………… 149
- クリープラプチュア …… 149
- 計算応力範囲 …………… 134
- ケイ酸カルシューム保温材
   ………………………… 175
- 減圧用オリフィス ……… 68
- 減衰能力 ………………… 108
- 減肉管理 ………………… 159

## さ

- 交互渦 …………………… 111
- 高サイクル疲労 ………… 146
- 高次音響モード ………… 111
- 高周波振動 ……………… 80
- 孔食 ……………………… 160
- 購入仕様書 ……………… 189
- 黒鉛化 …………………… 150
- 固有振動数 ……………… 104
- コンプライアンス ……… 35
- サージング（ポンプの）… 115
- サイホントラップ ……… 94
- サブクール水 …………… 129
- 酸素濃淡 ………………… 161
- 残留応力 ………………… 169
- 地頭力 …………………… 34
- シールポット …………… 241
- 自己サイホン …………… 94
- 自然電位 ………………… 162
- 実績のない技術 ………… 24
- 失敗知識データベース … 38
- 自動空気抜き弁 ………… 123
- 重力流れ ………………… 86
- 蒸気加減弁 ……………… 106
- 蒸気凝縮ウォータハンマ… 127
- 蒸気流駆動ハンマ ……… 130
- ジョージ サンタヤナ …… 35
- 職場風土 ………………… 40
- 自励振動 ………………… 107
- 水位をもたない槽 ……… 86
- 水素浸食割れ …………… 166
- 水柱分離 ………………… 125
- 水平展開 ………………… 38
- 推力（伸縮管継手の）… 72
- 隙間腐食 ………………… 160

254

スケールアップ ………… 24
図上シミュレーション …… 17
スチームハンマ ………… 130
図面を読む …………… 21
スラグ流 ……………… 102
設計限界圧力 …………… 224
セルフベント方式 ……… 88
全揚程曲線 …………… 53

**た**

対称渦 ………………… 111
ダブルナット ………… 114
ダルシーの式 ………… 52
チタンの水素脆化 …… 164
チャタリング ………… 213
チャンスの女神 ……… 18
調整リング …………… 224
直観 …………………… 15
抵抗曲線 ……………… 53
抵抗係数 ……………… 58
低サイクル疲労 ……… 135
低水素溶接棒 ………… 168
デザインレビュー …… 26
転位荷重 ……………… 245
電気化学的腐食 ……… 152
電気絶縁 ……………… 163
電気防食 ……………… 163
導圧管 ………………… 240
倒立姿勢（バルブの）216
特性要因図 …………… 41
土光敏夫 ……………… 12
トラップの処理能力 … 63
トラブル記録 ………… 37
トラブルシューティング … 34
トラブルの再発防止 … 35
トラブルマップ ……… 200
トルクシーティング … 203

**な**

内筒（ベローズの）… 221

中尾政之 ……………… 16
流れ加速型腐食 ……… 158
なぜなぜ分析 ………… 42
逃がし通気管 ………… 89
肉盛溶接 ……………… 181
熱衝撃 ………………… 145
ネルソンカーブ ……… 167
濃度勾配 ……………… 158
伸び差（フランジ、ボルトの）
 ………………………… 142

**は**

ハイパフォーマンスバルブ
 ………………………… 206
パイプラック ………… 104
バインダ ……………… 198
ハインリッヒの法則 … 8
畑村洋太郎 …………… 16
はためき（金網の）… 220
バックシート ………… 205
破封 …………………… 92
ばね式防振器 ………… 103
バランス管 …………… 89
バランス感覚 ………… 13
バランスホール ……… 76
バルブの絞り ………… 54
ハンチング（安全弁の）… 60
必要NPSH …………… 56
必要直管長さ（差圧式
　流量計の）………… 237
ヒヤリハット ………… 8
フールプルーフ ……… 183
フェールセーフ設計 … 121
不規則振動 …………… 103
吹下がり ……………… 61
腐食電流 ……………… 152
付着流 ………………… 109
不働態皮膜 …………… 161
不等沈下 ……………… 137
プライミングポンプ … 123
フラッタ ……………… 61

フラッタリング ……… 213
プリセットピン ……… 246
フレキシビリティ（配管の）
 ………………………… 98
フレキシブルメタルホース
 ………………………… 137
プレクール …………… 140
分極 …………………… 164
ヘアークラック ……… 144
ベーパーロック ……… 230
別置ベント方式 ……… 88
ベローズの座屈 ……… 223
ベローズの振動 ……… 221
弁前フラッシュ ……… 85
変動荷重 ……………… 245
偏流 …………………… 78
ボウイング …………… 140
飽和蒸気圧 …………… 56
補強リング …………… 224
ポジションシーティング ‥ 203
ボルト穴中心振り分け … 179
ポンプキャビテーション … 57

**ま や ら**

摩擦抵抗(配管熱膨張の)
 ………………………… 249
モックアップテスト … 21
有効NPSH …………… 56
溶接二番 ……………… 147
溶接変形 ……………… 193
ラインチェック ……… 28
落水 …………………… 123
ラバーライナ ………… 214
力学的感性 …………… 12
離調 …………………… 101
粒界腐食 ……………… 170
ループ通気管 ………… 88
レジリエンス ………… 24
レストレイント ……… 103
レプリカ調査 ………… 149
漏洩（バルブの）…… 69

255

◎著者略歴◎

## 西野　悠司（にしの　ゆうじ）

1963年　早稲田大学第1理工学部機械工学科卒業
1963年より2002年まで、現在の東芝エネルギーシステムズ株式会社 京浜事業所、続いて、東芝プラントシステム株式会社において、発電プラントの配管設計に従事。その後、3年間、化学プラントの配管設計にも従事。
一般社団法人 配管技術研究協会主催の研修セミナー講師。
同協会誌元編集委員長ならびに雑誌「配管技術」に執筆多数。
現在、一般社団法人 配管技術研究協会監事。
　　　日本機械学会 火力発電用設備規格構造分科会委員。
　　　西野配管装置技術研究所代表。

●主な著書
「絵とき 配管技術 基礎のきそ」日刊工業新聞社
「トコトンやさしい配管の本」日刊工業新聞社
「絵とき 配管技術用語事典」（共著）日刊工業新聞社
「配管設計実用ノート」日刊工業新聞社

### トラブルから学ぶ配管技術
―トラブル事例とミスを犯さない現場技術―　　　　　　NDC528

2015年3月25日　初版1刷発行　　　　（定価はカバーに
2022年4月22日　初版5刷発行　　　　　表示してあります）

　　Ⓒ　著　者　　西野　悠司
　　　　発行者　　井水　治博
　　　　発行所　　日刊工業新聞社
　　　　　　　　　〒103-8548　東京都中央区日本橋小網町14-1
　　　　電　話　　書籍編集部　03（5644）7490
　　　　　　　　　販売・管理部　03（5644）7410
　　　　FAX　　　03（5644）7400
　　　　振替口座　00190-2-186076
　　　　URL　　　https://pub.nikkan.co.jp/
　　　　e-mail　　info@media.nikkan.co.jp
　　　　企画・編集　エム編集事務所
　　　　印刷・製本　新日本印刷（株）（POD4）

落丁・乱丁本はお取り替えいたします。
2015 Printed in Japan
ISBN 978-4-526-07385-4　C3043
本書の無断複写は、著作権法上の例外を除き、禁じられています。